玩转 Django 2.0

黄永祥 / 著

清华大学出版社
北 京

内 容 简 介

本书是一本Python Web的技术总结，主要以Python 3和Django 2.0版本实现。通过本书的学习，读者能够透彻掌握Django 2.0各个功能模块的使用以及实现方式，并以音乐平台开发为例，让读者快速掌握Django 2.0开发应用的实用技能。此外，本书还介绍了Django项目的上线以及通过第三方功能模块和框架实现网站的API开发、网站验证码、站内搜索引擎、第三方网站用户注册以及网站的分布式任务和定时任务。

本书实用性强、案例丰富、与新技术紧密联系，适合有一定Python基础的读者和转型到Python的开发人员使用，也可用作培训机构和大中专院校的参考教材。

本书封面贴有清华大学出版社防伪标签，无标签者不得销售。
版权所有，侵权必究。举报：010-62782989，beiqinquan@tup.tsinghua.edu.cn。

图书在版编目（CIP）数据

玩转Django 2.0/黄永祥著.—北京：清华大学出版社，2018（2021.1重印）
ISBN 978-7-302-51145-8

Ⅰ.①玩… Ⅱ.①黄… Ⅲ.①软件工具－程序设计 Ⅳ.①TP311.561

中国版本图书馆CIP数据核字（2018）第203171号

责任编辑：王金柱
封面设计：王 翔
责任校对：王 叶
责任印制：丛怀宇

出版发行：清华大学出版社
网　　址：http://www.tup.com.cn, http://www.wqbook.com
地　　址：北京清华大学学研大厦A座
邮　　编：100084
社 总 机：010-62770175
邮　　购：010-62786544
投稿与读者服务：010-62776969, c-service@tup.tsinghua.edu.cn
质量反馈：010-62772015, zhiliang@tup.tsinghua.edu.cn

印 装 者：北京鑫海金澳胶印有限公司
经　　销：全国新华书店
开　　本：180mm×230mm
印　　张：19.75
字　　数：506千字
版　　次：2018年10月第1版
印　　次：2021年1月第4次印刷
定　　价：69.00元

产品编号：080075-01

前 言

Python 是当前热门的开发语言之一，它有着广泛的应用领域，在网络爬虫、Web 开发、数据分析和人工智能等领域都受到开发者的热爱和追捧。现在很多企业开始使用 Python 作为网站服务器的开发语言，因此掌握 Web 开发是 Python 开发者必不可少的技能之一。

Django 是 Python 开发网站的首选 Web 框架，这归功于 Django 较强的规范性，规范了开发人员的编码要求，以符合企业的规范化管理。正因如此，Django 成为开发人员必学的 Web 框架之一。

本书讲述的内容基于 Django 2.0 或以上版本，详细剖析 Django 的功能要点，让读者全面了解 Django，并通过实例演示进一步加深对知识点的掌握和理解。

本书结构

本书共分 13 章，各章内容概述如下：

第 1 章介绍网站的基础知识和 Django 的环境搭建，分别讲述了网站的定义、分类、运行原理、Django 的安装使用和开发环境的搭建。

第 2 章介绍 Django 的项目配置，包括基本配置、静态资源、模板路径、数据库配置和中间件。

第 3 章讲述三种 URL 的编写规则，包括常规的 URL、带变量的 URL 和带参数的 URL 的编写规则。

第 4 章介绍视图的编写方法，在视图中讲述用户请求方式的获取、模板数据的传递和通用视图的使用。

第 5 章讲述模板的编写方法，包括模板的变量、标签、模板继承和过滤器的定义与使用。

第 6 章介绍模型的定义与使用，讲述模型与数据表的映射关系，通过模型对象的操作实现数据表的读写。

第 7 章介绍表单的定义与使用，主要讲述表单与模型的结合生成数据表单，并通过数据表单操作实现数据表的数据读写。

第 8 章介绍 Django 内置的 Admin 后台，主要讲述 Admin 的基本设置以及一些常用功能的二次开发。

第 9 章介绍 Django 内置的 Auth 认证系统，讲述内置模型 User 的使用和扩展，实现用户注册和登录功能、用户权限的设置和用户组的设置。

第 10 章介绍 Django 常用的内置功能，包括会话 Session、缓存机制、CSRF 防护、消息提示和分页功能。

第 11 章讲述音乐网站的开发，网站主要功能有首页、排行榜、歌曲播放、歌曲点评、歌曲搜索、用户注册和登录、用户中心、Admin 后台管理和网站异常机制。

第 12 章讲述 Django 项目的上线部署，以虚拟机 CentOS 7 系统为例，讲解 Python、uWSGI 和 Nginx 的安装和部署。

第 13 章介绍 Django 的第三方应用，通过第三方提供的功能模块和框架实现网站的 API 开发、网站验证码、站内搜索引擎、第三方网站用户注册以及网站的分布式任务和定时任务。

本书特色

循序渐进，知识全面：本书站在初学者的角度，围绕 Python 的 Django 框架展开讲解，从初学者必备基础知识着手，循序渐进地介绍了 Django 的各种知识，内容难度适中，由浅入深，实用性强，覆盖面广，条理清晰，且具有较强的逻辑性和系统性。

实例丰富，扩展性强：本书每个知识点都是单独以一个项目为例进行讲解的，力求让读者更容易地掌握知识要点。本书实例经过作者的精心设计和挑选，根据编者的实际开发经验总结而来，涵盖在实际开发中遇到的各种问题。

基于理论，注重实践：在讲解的过程中，不仅介绍理论知识，而且安排了综合应用实例或小型应用程序，将理论应用到实践中，加强读者的实际开发能力，巩固开发技能和相关知识。

源代码下载

本书的实例源代码可以在百度网盘下载，提取密码 s1zw，也可以在清华大学出版社文泉云盘下载，二维码分别如下：

前言

如果你在下载过程中遇到问题，可发送邮件至 554301449@qq.com 获得帮助，邮件标题为"玩转 Python Django 下载资源"。

读者还可以关注编者在 CSDN 上的视频课程，课程网址为 https://edu.csdn.net/course/detail/9280。

技术服务

读者在学习或开发的过程中，如果遇到实际问题，可以加入 QQ 群 783234662 与笔者联系，笔者会在第一时间给予回复。

读者对象

本书主要适合以下读者阅读：

- Django 初学者及在校学生。
- Django 初级开发工程师。
- 从事 Python 网站开发的技术人员。
- 其他学习 Django 的开发人员。

虽然笔者力求本书更臻完美，但由于水平所限，难免会出现错误，特别是 Django 版本更新可能导致源代码在运行过程中出现问题，欢迎广大读者和专家给予指正，笔者将十分感谢。

黄永祥
2018.7.2

目　录

第 1 章 Django 建站基础 ··· 1
1.1 网站的定义及组成 ·· 1
1.2 网站的分类 ··· 3
1.3 网站运行原理及开发流程 ·· 5
1.4 走进 Django ·· 6
1.5 Django 2.0 的新特性 ··· 7
1.6 安装 Django ·· 8
1.7 创建项目 ··· 9
1.8 PyCharm 搭建开发环境 ··· 12
1.9 本章小结 ·· 15

第 2 章 Django 配置信息 ·· 18
2.1 基本配置信息 ··· 18
2.2 静态资源 ·· 20
2.3 模板路径 ·· 23
2.4 数据库配置 ··· 25
2.5 中间件 ··· 28
2.6 本章小结 ·· 29

第 3 章 编写 URL 规则 ··· 32
3.1 URL 编写规则 ·· 32
3.2 带变量的 URL ·· 34

3.3 设置参数 name ……………………………………………………………… 37
3.4 设置额外参数 ……………………………………………………………… 38
3.5 本章小结 …………………………………………………………………… 40

第 4 章 探究视图 …………………………………………………………………… 42
4.1 构建网页内容 ……………………………………………………………… 42
4.2 数据可视化 ………………………………………………………………… 46
4.3 获取请求信息 ……………………………………………………………… 50
4.4 通用视图 …………………………………………………………………… 53
4.5 本章小结 …………………………………………………………………… 56

第 5 章 深入模板 …………………………………………………………………… 58
5.1 变量与标签 ………………………………………………………………… 58
5.2 模板继承 …………………………………………………………………… 62
5.3 自定义过滤器 ……………………………………………………………… 63
5.4 本章小结 …………………………………………………………………… 68

第 6 章 模型与数据库 ……………………………………………………………… 70
6.1 构建模型 …………………………………………………………………… 70
6.2 数据表的关系 ……………………………………………………………… 75
6.3 数据表的读写 ……………………………………………………………… 79
6.4 多表查询 …………………………………………………………………… 85
6.5 本章小结 …………………………………………………………………… 88

第 7 章 表单与模型 ………………………………………………………………… 90
7.1 初识表单 …………………………………………………………………… 90
7.2 表单的定义 ………………………………………………………………… 94
7.3 模型与表单 ………………………………………………………………… 98
7.4 数据表单的使用 …………………………………………………………… 100
7.5 本章小结 …………………………………………………………………… 105

第 8 章 Admin 后台系统 …………………………………………………………… 107
8.1 走进 Admin ………………………………………………………………… 107

8.2 Admin 的基本设置 ········· 111
8.3 Admin 的二次开发 ········· 115
 8.3.1 函数 get_readonly_fields ········· 115
 8.3.2 设置字段格式 ········· 116
 8.3.3 函数 get_queryset ········· 118
 8.3.4 函数 formfield_for_foreignkey ········· 118
 8.3.5 函数 save_model ········· 120
 8.3.6 自定义模板 ········· 121
8.4 本章小结 ········· 123

第 9 章 Auth 认证系统 ········· 125

9.1 内置 User 实现用户管理 ········· 125
9.2 发送邮件实现密码找回 ········· 135
9.3 扩展 User 模型 ········· 141
9.4 设置用户权限 ········· 148
9.5 自定义用户权限 ········· 151
9.6 设置网页的访问权限 ········· 152
9.7 设置用户组 ········· 158
9.8 本章小结 ········· 161

第 10 章 常用的 Web 应用程序 ········· 164

10.1 会话控制 ········· 164
10.2 缓存机制 ········· 173
10.3 CSRF 防护 ········· 180
10.4 消息提示 ········· 183
10.5 分页功能 ········· 186
10.6 本章小结 ········· 192

第 11 章 音乐网站开发 ········· 195

11.1 网站需求与设计 ········· 195
11.2 数据库设计 ········· 201
11.3 项目创建与配置 ········· 204

VII

11.4 网站首页 ·· 207
11.5 歌曲排行榜 ·· 215
11.6 歌曲播放 ·· 221
11.7 歌曲点评 ·· 227
11.8 歌曲搜索 ·· 232
11.9 用户注册与登录 ······································ 236
11.10 用户中心 ·· 243
11.11 Admin 后台系统 ····································· 245
11.12 自定义异常机制 ······································ 249
11.13 项目上线部署 ·· 250
11.14 本章小结 ·· 252

第 12 章 Django 项目上线部署 ··· 254

12.1 安装 Linux 虚拟机 ··································· 254
12.2 安装 Python 3 ······································· 260
12.3 部署 uWSGI 服务器 ·································· 262
12.4 安装 Nginx 部署项目 ································· 265
12.5 本章小结 ·· 268

第 13 章 第三方功能应用 ·· 269

13.1 快速开发网站 API ···································· 269
13.2 验证码的使用 ·· 277
13.3 站内搜索引擎 ·· 284
13.4 第三方用户注册 ······································ 292
13.5 分布式任务与定时任务 ································ 298
13.6 本章小结 ·· 306

第 1 章

Django 建站基础

一个完整的网站大概包含域名、网站应用和服务器。域名可理解为网站的链接；网站应用是指这个网站有哪些页面，这些页面有什么功能并且如何实现这些功能，这也是本书主要讲述的内容；服务器是连接到互联网的计算机，用于网站应用的部署和上线。

1.1 网站的定义及组成

网站（Website）是指在因特网上根据一定的规则，使用 HTML（标准通用标记语言下的一个应用）等工具制作并用于展示特定内容相关网页的集合。简单地说，网站是一种沟通工具，人们可以通过网站来发布自己想要公开的资讯，或者利用网站来提供相关的网络服务，也可以通过网页浏览器来访问网站，获取自己需要的资讯或者享受网络服务。

在早期，域名、空间服务器与程序是网站的基本组成部分，随着科技的不断进步，网站的组成也日趋复杂，目前多数网站由域名、空间服务器、DNS 域名解析、网站程序和数据库等组成。

域名（Domain Name）由一串用点分隔的字母组成，代表互联网上某一台计算机或计算机组的名称，用于在数据传输时标识计算机的电子方位，已经成为互联网的品牌和网上商标保护必备的产品之一。通俗地说，域名就相当于一个家庭的门牌号码，别人通过这个号码可以很容易地找到你所在的位置。以百度的域名为例，百度的网址是由两部分组成的，标号"baidu"是这个域名的主域名体；前面的 www. 是网络名；最后的标号"com"则是该域名的后缀，代表是一个国际域名，属于顶级域名之一。

常见的域名后缀有以下几种。

- .COM：商业性的机构或公司。
- .NET：从事 Internet 相关的网络服务的机构或公司。
- .ORG：非营利的组织、团体。
- .GOV：政府部门。
- .CN：中国国内域名。
- .COM.CN：中国商业域名。
- .NET.CN：中国从事 Internet 相关的网络服务的机构或公司。
- .ORG.CN：中国非营利的组织、团体。
- .GOV.CN：中国政府部门。

空间服务器主要有虚拟主机、独立服务器和 VPS。

虚拟主机是在网络服务器上划分出一定的磁盘空间供用户放置站点和应用组件等，提供必要的站点功能、数据存放和传输功能。所谓虚拟主机，也叫"网站空间"，就是把一台运行在互联网上的服务器划分成多个"虚拟"的服务器。每一个虚拟主机都具有独立的域名和完整的 Internet 服务器（支持 WWW、FTP、E-mail 等）功能。虚拟主机是网络发展的福音，极大地促进了网络技术的应用和普及。同时虚拟主机的租用服务也成了网络时代新的经济形式，虚拟主机的租用类似于房屋租用。

独立服务器是指性能更强大、整体硬件完全独立的服务器，其 CPU 都在 8 核以上。

VPS 即虚拟专用服务器，是将一个服务器分区成多个虚拟独立专享服务器的技术。

每个使用 VPS 技术的虚拟独立服务器拥有各自独立的公网 IP 地址、操作系统、硬盘空间、内存空间和 CPU 资源等，还可以进行安装程序、重启服务器等操作，与一台独立服务器完全相同。

网站程序是建设与修改网站所使用的编程语言，源代码是按一定格式书写的文字和符号编写的，可以是任何编程语言。常见的网站开发语言有 Java、PHP、ASP.NET 和 Python。而浏览器就如程序的编译器，它会将源代码翻译成图文内容呈现在网页上。

1.2 网站的分类

资讯门户类网站以提供信息资讯为主要目的，是目前普遍的网站形式之一，例如新浪、搜狐和新华网。这类网站虽然涵盖的信息类型多、信息量大和访问群体广，但包含的功能却比较简单，网站基本功能包含检索、论坛、留言和用户中心等。

这类网站开发的技术含量主要涉及 4 个因素：

- 承载的信息类型。例如是否承载多媒体信息、是否承载结构化信息等。
- 信息发布的方式和流程。
- 信息量的数量级。
- 网站用户管理。

企业品牌类网站用于展示企业综合实力，体现企业文化和品牌理念。企业品牌网站非常强调创意，对于美工设计要求较高，精美的 FLASH 动画是常用的表现形式。网站内容组织策划和产品展示体验方面也有较高要求。网站利用多媒体交互和动态网页技术，针对目标客户进行内容建设，达到品牌营销传播的目的。

企业品牌网站可细分为以下三类。

- 企业形象网站：塑造企业形象、传播企业文化、推介企业业务、报道企业活动和展示企业实力。
- 品牌形象网站：当企业拥有众多品牌且不同品牌之间市场定位和营销策略各不相同时，企业可根据不同品牌建立其品牌网站，以针对不同的消费群体。
- 产品形象网站：针对某一产品的网站，重点在于产品的体验。

交易类网站以实现交易为目的，以订单为中心。交易的对象可以是企业和消费者。这类网站有三项基本内容：商品如何展示、订单如何生成和订单如何执行。

因此，这类网站一般需要有产品管理、订购管理、订单管理、产品推荐、支付管理、收费管理、送发货管理和会员管理等基本功能。功能复杂一点的可能还需要积分管理系统、VIP 管理系统、CRM 系统、MIS 系统、ERP 系统和商品销售分析系统等。交易类网站成功与否的关键在于业务模型的优劣。交易类网站可细分为以下三大类型。

- B2C（Business To Consumer）网站：商家——消费者，主要是购物网站，用于商家和消费者之间的买卖，如传统的百货商店和购物广场等。
- B2B（Business To Business）网站：商家——商家，主要是商务网站，用于商家之间的买卖，如传统的原材料市场和大型批发市场。
- C2C（Consumer To Consumer）网站：消费者——消费者，主要以拍卖网站为主，用于个人物品的买卖，如传统的旧货市场、跳蚤市场、废品收购站等。

办公及政府机构网站分为企业办公事务类网站和政府办公类网站。企业办公事务类网站主要包括企业办公事务管理系统、人力资源管理系统和办公成本管理系统。

政府办公类网站是利用政府专用网络和内部办公网络而建立的内部门户信息网，是为了方便办公区域以外的相关部门互通信息、统一数据处理和共享文件资料而建立的，其基本功能有：

（1）提供多数据源接口，实现业务系统的数据整合。

（2）统一用户管理，提供方便有效的访问权限和管理权限体系。

（3）灵活设立子网站，实现复杂的信息发布管理流程。

网站面向社会公众，既可提供办事指南、政策法规和动态信息等，也可提供网上行政业务申报、办理和相关数据查询等。

互动游戏网站是近年来国内逐渐风靡起来的一种网站。这类网站的投入是根据所承载游戏的复杂程度来定的，其发展趋势是向超巨型方向发展，有的已经形成了独立的网络世界。

功能性网站是一种新型网站，其中 Google 和百度是典型代表。这类网站的主要特征是将一个具有广泛需求的功能扩展开来，开发一套强大的功能体系，将功能的实现推向极致。功能在网页上看似简单，但实际投入成本相当惊人，而且效益也非常巨大。

1.3 网站运行原理及开发流程

如果刚接触网站开发，很有必要了解网站的运行原理。在了解网站运行原理之前，首先需要理解网站中一些常用的术语。

客户端：在计算机上运行并连接到互联网的应用程序，简称浏览器，如 Chrome、Firefox 和 IE。用户通过操作客户端实现网站和用户之间的数据交互。

服务器：能连接到互联网且具有 IP 地址的计算机，服务器主要接收和处理用户的请求信息。当用户在客户端操作网页的时候，实质是向网站发送一个 HTTP 请求，网站的服务器接收到请求后会执行相应的处理，最后将处理结果返回到客户端并生成相应的网页信息。

IP 地址：互联网协议地址，TCP/IP 网络设备（计算机、服务器、打印机、路由器等）的数字标识符。互联网上的每台计算机都有一个 IP 地址，用于识别和通信。IP 地址有 4 组数字，以小数点分隔（例如 244.155.65.2），这被称为逻辑地址。为了在网络中定位设备，通过 TCP/IP 协议将逻辑 IP 地址转换为物理地址（物理地址即计算机里面的 MAC 地址）。

域名：用于标识一个或多个 IP 地址。

DNS：域名系统，用于跟踪计算机的域名及其在互联网上相应的 IP 地址。

ISP：互联网服务提供商。主要工作是在 DNS（域名系统）查找当前域名对应的 IP 地址。

TCP/IP：传输控制协议 / 互联网协议，是广泛使用的通信协议。

HTTP：超文本传输协议，是浏览器和服务器通过互联网进行通信的协议。

了解网站常用术语后，我们通过一个简单的例子来讲解网站运行的原理。

（1）在浏览器中输入网站地址，如 www.github.com。

（2）浏览器解析网站地址中包含的信息，如 HTTP 协议和域名（github.com）。

（3）浏览器与 ISP 通信，在 DNS 查找 www.github.com 所对应的 IP 地址，然后将 IP 地址发送到浏览器的 DNS 服务，最后向 www.github.com 的 IP 地址发送请求。

（4）浏览器从网站地址中获取 IP 地址和端口（HTTP 协议默认为端口 80，

HTTPS 默认为端口 443），并打开 TCP 套接字连接，实现浏览器和 Web 服务器的连接。

（5）浏览器根据用户操作向服务器发送相应的 HTTP 请求，如打开 www.github.com 的主页面。

（6）当 Web 服务器接收请求后，根据请求信息查找该 HTML 页面。如果页面存在，则 Web 服务器将处理结果和页面返回到浏览器。如果服务器找不到页面，将发送一个 404 错误消息，代表找不到相关的页面。

很多人认为网站开发是一件很困难的事情，其实没有想象中那么困难。只要明白了网站的开发流程，就会觉得网站开发是非常简单的。如果没有一个清晰的开发流程指导开发，那么整个开发过程中就会觉得难以实行。完整的开发流程如下。

（1）需求分析：当拿到一个项目时，必须进行需求分析，清楚知道网站的类型、具体功能、业务逻辑以及网站的风格，此外还要确定域名、网站空间或者服务器以及网站备案等。

（2）规划静态内容：重新确定需求分析，并根据用户需求规划出网站的内容板块草图。

（3）设计阶段：根据网站草图，由美工制作成效果图。就好比建房子一样，首先画出效果图，然后才开始建房子，网站开发也是如此。

（4）程序开发阶段：根据草图划分页面结构和设计，前端和后台可以同时进行。前端根据美工效果负责制作静态页面；后台根据页面结构和设计，设计数据库数据结构和开发网站后台。

（5）测试和上线：在本地搭建服务器，测试网站是否存在 BUG。若无问题，则可以将网站打包，使用 FTP 上传至网站空间或者服务器。

（6）维护推广：在网站上线之后，根据实际情况完善网站的不足，定期修复和升级，保障网站运营顺畅，然后对网站进行推广宣传等。

1.4 走进 Django

Django 是一个开放源代码的 Web 应用框架，由 Python 写成，最初用于管理劳伦斯出版集团旗下的一些以新闻内容为主的网站，即 CMS（内容管理系统）软件，于

2005 年 7 月在 BSD 许可证下发布，这套框架是以比利时的吉卜赛爵士吉他手 Django Reinhardt 来命名的。Django 采用了 MTV 的框架模式，即模型（Model）、模板（Template）和视图（Views），三者之间各自负责不同的职责。

- 模型，数据存取层，处理与数据相关的所有事务，例如如何存取、如何验证有效性、包含哪些行为以及数据之间的关系等。
- 模板，表现层，处理与表现相关的决定，例如如何在页面或其他类型文档中进行显示。
- 视图，业务逻辑层，存取模型及调取恰当模板的相关逻辑，模型与模板的桥梁。

Django 的主要目的是简便、快速地开发数据库驱动的网站。它强调代码复用，多个组件可以很方便地以插件形式服务于整个框架，Django 有许多功能强大的第三方插件，可以很方便地开发出自己的工具包。这使得 Django 具有很强的可扩展性，还强调快速开发和 DRY（Do Not Repeat Yourself）原则。Django 基于 MTV 的设计十分优美：

- 对象关系映射（Object Relational Mapping，ORM）：通过定义映射类来构建数据模型，将模型与关系数据库连接起来，使用 ORM 框架内置的数据库接口可实现复杂的数据操作。
- URL 设计：开发者可以设计任意的 URL（网站地址），而且还支持使用正则表达式设计。
- 模板系统：提供可扩展的模板语言，模板之间具有可继承性。
- 表单处理：可以生成各种表单模型，而且表单具有有效性检验功能。
- Cache 系统：完善的缓存系统，可支持多种缓存方式。
- 用户管理系统：提供用户认证、权限设置和用户组功能，功能扩展性强。
- 国际化：内置国际化系统，方便开发出多种语言的网站。
- admin 管理系统：内置 admin 管理系统，系统扩展性强。

1.5 Django 2.0 的新特性

2017 年 12 月 2 日，Django 官方发布了 2.0 版本，成为多年来第一次大版本提升。

其中最主要的特性是 Django 2.0 支持 Python 3.4、3.5 和 3.6，不再支持 Python 2，而 Django 1.11 是支持 Python 2.7 的最后版本。此外，新版本还有以下显著的新特性。

- 简化 URL 路由语法：使得 Django.urls.path() 方法的语法更简单。功能的导入由模块 Django.urls 实现，如 from Django.urls import include, path, re_path。
- admin 管理系统：支持主流的移动设备并新增属性 ModelAdmin.autocomplete_fields 和方法 ModelAdmin.get_autocomplete_fields()。
- 用户认证：PBKDF2 密码哈希默认的迭代次数从 36 000 增加到 100 000。
- Cache（缓存）：cache.set_many() 现在返回一个列表，包含了插入失败的键值。
- 通用视图：ContextMixin.extra_context 属性允许在 View.as_view() 中添加上下文。
- Pagination（分页）：增加 Paginator.get_page()，可以处理各种非法页面参数，防止异常。
- Templates（模板）：提高 Engine.get_default() 在第三方模块的用途。
- Validators（验证器）：不允许 CharField 及其子类的表单输入为空。
- File Storage（文件存储）：File.open() 可以用于上下文管理器，例如 with file.open() as f。
- 连接 MySQL 不再使用 mysqldb 模块，改用为 mysqlclient，两者之间并没有太大的使用差异。
- Management Commands（管理命令）：inspectdb 将 MySQL 的无符号整数视作 PositiveIntegerField 或者 PositiveSmallIntegerField 字段类型。

1.6 安装 Django

为了符合广大读者的需求，本书开发环境为 Windows 操作系统和 Python 3。如果部分读者的操作系统是 Linux 或 Mac OX，可在虚拟机上安装 Windows 操作系统。

在安装 Django 之前，首先安装 Python，读者在官网下载 .exe 安装包安装即可，建议安装 Python 3.5 或以上的版本。完成 Python 的安装后，接着安装 Django，安装方法如下：

使用 pip 进行安装，按快捷键 Windows+R 打开运行对话框，然后在对话框中输入 cmd 并按回车键，进入命令提示符（也称为终端）。在命令提示符下输入以下安装指令：

```
pip install Django
```

输入指令后按回车键，会自行下载 Django 2.0 版本并安装，我们只需等待安装完成即可。

除了使用 pip 安装之外，还可以从网上下载 Django 的压缩包自行安装。在浏览器上输入下载网址（https://www.lfd.uci.edu/~gohlke/pythonlibs/#sendkeys）并找到 Django 的下载链接，如图 1-1 所示。

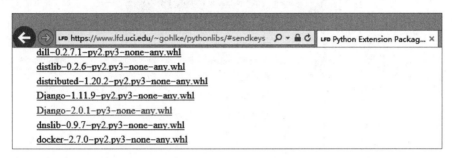

图 1-1 Django 2.0 压缩包

然后将下载的文件放到 E 盘，并打开 CMD（命令提示符）窗口，输入以下安装指令：

```
pip install E:\Django-2.0.1-py3-none-any.whl
```

输入指令后按回车键，等待安装完成的提示即可。完成 Django 的安装后，需要进一步校验安装是否成功，再次进入 CMD 窗口，输入"python"并按回车键，进入 Python 交互解释器，在交互解释器下输入校验代码：

```
>>> import django
>>> django.__version__
'2.0.1'
```

从上面返回的结果可以看到，当前安装的 Django 版本为 2.0.1，说明 Django 安装成功。

1.7 创建项目

一个项目可以理解为一个网站，创建 Django 项目可以在 CMD 窗口输入创建指令完成。在 CMD 窗口下输入项目创建指令：

```
C:\Users\cxuser02>e:
E:\>django-admin startproject MyDjango
```

首先第一行指令是将当前路径切换到 E 盘，然后使用创建指令创建项目 MyDjango。其中，MyDjango 是项目名称，读者可自行命名。项目创建后，可以在 E 盘下看到新创建的文件夹 MyDjango，在 PyCharm 下查看该项目结构，如图 1-2 所示。

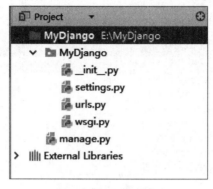

图 1-2 项目目录结构

项目 MyDjango 中包含 MyDjango 文件夹和 manage.py 文件，而 MyDjango 文件夹又包含 4 个 .py 文件。文件说明如下。

- manage.py：命令行工具，允许以多种方式与项目进行交互。在 CMD 窗口下，将路径切换到 MyDjango 项目并输入 python manage.py help，可以查看该工具的具体功能。
- __init__.py：初始化文件，一般情况下无须修改。
- settings.py：项目的配置文件，具体配置说明会在下一章详细讲述。
- urls.py：项目的 URL 设置，可理解为网站的地址信息。
- wsgi.py：全称为 Python Web Server Gateway Interface，即 Python 服务器网关接口，是 Python 应用与 Web 服务器之间的接口，用于 Django 项目在服务器上的部署和上线，一般不需要修改。

完成项目的创建后，接着创建项目应用，项目应用简称为 App，相当于网站的功能，每个 App 代表网站的一个或多个网页。App 的创建由文件 manage.py 实现，创建指令如下：

```
E:\>cd MyDjango
E:\MyDjango>python manage.py startapp index
E:\MyDjango>python manage.py startapp user
```

首先从 E 盘进入项目 MyDjango，然后使用 python manage.py startapp XXX 创建，其中 XXX 是应用的名称，读者可以自行命名。上述指令分别创建网站首页和用户中心，再次查看项目 MyDjango 的目录结构，如图 1-3 所示。

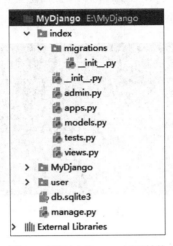

图 1-3 项目 MyDjango 目录结构

从图 1-3 可以看到，项目新建了 index 和 user 文件夹，其分别代表网站首页和用户中心。在 index 文件夹可以看到有多个 .py 文件和 migrations 文件夹，说明如下。

- migrations：用于数据库数据的迁移。
- __init__.py：初始化文件。
- admin.py：当前 App 的后台管理系统。
- apps.py：当前 App 的配置信息，在 Django 1.9 版本后自动生成，一般情况下无须修改。
- models.py：定义映射类关联数据库，实现数据持久化，即 MTV 里面的模型（Model）。
- tests.py：自动化测试的模块。
- views.py：逻辑处理模块，即 MTV 里面的视图（Views）。

完成项目和 App 的创建后，最后在 CMD 窗口输入以下指令启动项目：

```
C:\Users\cxuser02>e:
E:\>cd MyDjango
E:\MyDjango>python manage.py runserver 80
```

首先将路径切换到项目的路径，然后输入 python manage.py runserver 80，其中 80 是端口号，如果不设置端口，默认为 8000，最后在浏览器上输入 http://127.0.0.1:80/ 可看到项目的启动情况，如图 1-4 所示。

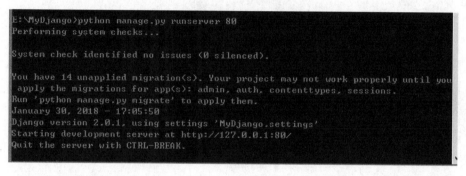

图 1-4 项目运行情况

1.8 PyCharm 搭建开发环境

除了在 CMD 窗口创建项目之外，还可以在 PyCharm 下创建项目，打开 PyCharm 并在左上方单击 File → New Project 创建新项目，如图 1-5 所示。

第 1 章　Django 建站基础

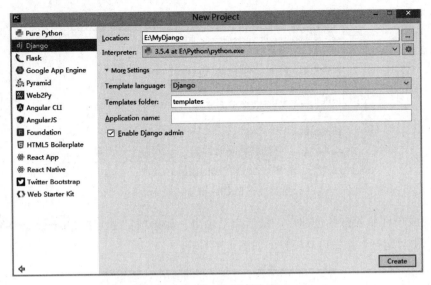

图 1-5　在 PyCharm 下创建 Django

项目创建后，可以看到目录结构多出了 templates 文件夹，该文件夹用于存放 HTML 文件，如图 1-6 所示。

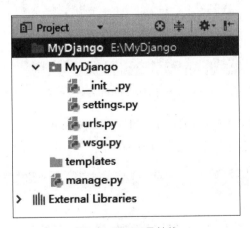

图 1-6　项目目录结构

接着创建 App，可以在 PyChram 的 Terminal 中输入创建指令，创建指令与在 CMD 窗口下输入的相同，分别创建网站首页和用户中心，如图 1-7 所示。

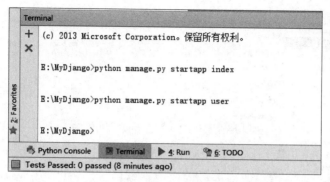

图 1-7 在 PyCharm 下创建 App

完成项目和 App 的创建后，最后启动项目。如果项目是由 PyCharm 创建的，可直接单击"运行"按钮启动项目，如图 1-8 所示。

图 1-8 在 PyCharm 启动项目

如果项目是由 CMD 窗口创建的，想要在 PyCharm 启动项目，就需要对该项目进行配置，首先创建运行脚本，如图 1-9 所示。

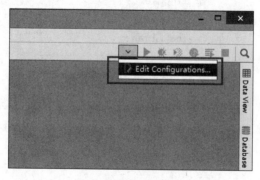

图 1-9 创建运行脚本

单击图 1-9 中的 Edit Configurations 就会出现 Run/Debug Configurations 界面，然后单击该界面左上方的 + 并选择 Django server，单击 OK 按钮即可创建运行脚本，如图 1-10 所示。

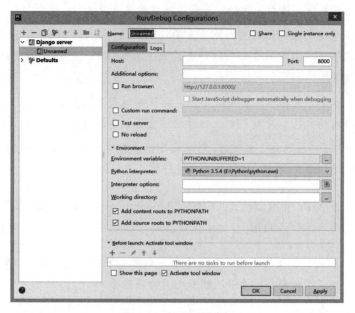

图 1-10 创建运行脚本

1.9 本章小结

网站（Website）是指在因特网上根据一定的规则，使用 HTML（标准通用标记语言下的一个应用）等工具制作并用于展示特定内容相关网页的集合。在早期，域名、空间服务器与程序是网站的基本组成部分，随着科技的不断进步，网站的组成也日趋复杂，目前多数网站由域名、空间服务器、DNS 域名解析、网站程序和数据库等组成。

网站开发流程如下。

- 需求分析：当拿到一个项目时，必须进行需求分析，清楚知道网站的类型、具体功能、业务逻辑以及网站的风格，此外还要确定域名、网站空间或者服务器以及网站备案等。

- 规划静态内容：重新确定需求分析，并根据用户需求规划出网站的内容板块草图。
- 设计阶段：根据网站草图，由美工制作成效果图。就好比建房子一样，首先画出效果图，然后才开始建房子，网站开发也是如此。
- 程序开发阶段：根据草图划分页面结构和设计，前端和后台可以同时进行。前端根据美工效果负责制作静态页面；后台根据页面结构和设计，设计数据库数据结构和开发网站后台。
- 测试和上线：在本地搭建服务器，测试网站是否存在 BUG。若无问题，则可以将网站打包，使用 FTP 上传至网站空间或者服务器。
- 维护推广：在网站上线之后，根据实际情况完善网站的不足，定期修复和升级，保障网站运营顺畅，然后对网站进行推广宣传等。

Django 采用 MTV 的框架模式，即模型（Model）、模板（Template）和视图（Views），三者之间各自负责不同的职责。

- 模型，数据存取层，处理与数据相关的所有事务，例如如何存取、如何验证有效性、包含哪些行为以及数据之间的关系等。
- 模板，表现层，处理与表现相关的决定，例如如何在页面或其他类型文档中进行显示。
- 视图，业务逻辑层，存取模型及调取恰当模板的相关逻辑，模型与模板的桥梁。

Django 的安装建议使用 pip 执行安装，安装的方法如下：

```
# 方法一
pip install Django
# 方法二
pip install E:\Django-2.0.1-py3-none-any.whl
```

两种不同的安装方法都是使用 pip 执行的，唯一不同在于前者在安装过程中会从互联网下载安装包，而后者直接对本地已下载的安装包进行解压安装。Django 安装完成后，在 Python 交互解释器模式校验安装是否成功：

```
>>> import django
>>> django.__version__
'2.0.1'
```

创建 Django 项目可以在 CMD 窗口下输入 django-admin startproject MyDjango 完成，也能在 PyCharm 下完成创建。创建 App 由 manage.py 实现，在 CMD 窗口或 PyCharm 的 Terminal 中输入 python manage.py startapp XXX 完成 App 的创建，其中 XXX 是应用的名称，读者可以自行命名。项目创建后，需要掌握 Django 的目录结构以及含义。

- manage.py：命令行工具，允许以多种方式与项目进行交互。在 CMD 窗口下，将路径切换到 MyDjango 项目并输入 python manage.py help，可以查看该工具的具体功能。
- __init__.py：初始化文件，一般情况下无须修改。
- settings.py：项目的配置文件，具体配置说明会在下一章详细讲述。
- urls.py：项目的 URL 设置，可理解为网站的地址信息。
- wsgi.py：全称为 Python Web Server Gateway Interface，即 Python 服务器网关接口，是 Python 应用与 Web 服务器之间的接口，用于 Django 项目在服务器上的部署和上线，一般不需要修改。
- migrations：用于数据库数据的迁移。
- admin.py：当前 App 的后台管理系统。
- apps.py：当前 App 的配置信息，在 Django 1.9 版本后自动生成，一般情况下无须修改。
- models.py：定义映射类关联数据库，实现数据持久化，即 MTV 里面的模型（Model）。
- tests.py：自动化测试的模块。
- views.py：逻辑处理模块，即 MTV 里面的视图（Views）。

第 2 章

Django 配置信息

项目配置是根据实际开发需求从而对整个 Web 框架编写相关配置信息。配置信息主要由项目的 settings.py 实现，主要配置有项目路径、密钥配置、域名访问权限、App 列表、配置静态资源、配置模板文件、数据库配置、中间件和缓存配置。

2.1 基本配置信息

一个简单的项目必须具备的基本配置信息有：项目路径、密钥配置、域名访问权限、App 列表和中间件。以 MyDjango 项目为例，settings.py 的基本配置如下：

```
import os
# 项目路径
# Build paths inside the project like this: os.path.join(BASE_DIR, ...)
BASE_DIR = os.path.dirname(os.path.dirname(os.path.abspath(__file__)))
```

```
# 密钥配置
# SECURITY WARNING: keep the secret key used in production secret!
SECRET_KEY = '@p_m^!ha=$6m$9#m%gobzo&b0^g2obt4teod84xs6=f%$4a66x'
# SECURITY WARNING: don't run with debug turned on in production!
# 调试模式
DEBUG = True
# 域名访问权限
ALLOWED_HOSTS = []
# App 列表
# Application definition
INSTALLED_APPS = [
    'django.contrib.admin',
    'django.contrib.auth',
    'django.contrib.contenttypes',
    'django.contrib.sessions',
    'django.contrib.messages',
    'django.contrib.staticfiles',
]
```

上述代码列出了项目路径 BASE_DIR、密钥配置 SECRET_KEY、调试模式 DEBUG、域名访问权限 ALLOWED_HOSTS 和 App 列表 INSTALLED_APPS，各个配置说明如下。

项目路径 BASE_DIR：主要通过 os 模块读取当前项目在系统的具体路径，该代码在创建项目时自动生成，一般情况下无须修改。

密钥配置 SECRET_KEY：是一个随机值，在项目创建的时候自动生成，一般情况下无须修改。主要用于重要数据的加密处理，提高系统的安全性，避免遭到攻击者恶意破坏。密钥主要用于用户密码、CSRF 机制和会话 Session 等数据加密。

- 用户密码：Django 内置一套用户管理系统，该系统具有用户认证和存储用户信息等功能，在创建用户的时候，将用户密码通过密钥进行加密处理，保证用户的安全性。
- CSRF 机制：该机制主要用于表单提交，防止窃取网站的用户信息来制造恶意请求。
- 会话 Session：Session 的信息存放在 Cookies，以一串随机的字符串表示，用于标识当前访问网站的用户身份，记录相关用户信息。

调试模式 DEBUG：该值为布尔类型。如果在开发调试阶段应设置为 True，在开发调试过程中会自动检测代码是否发生更改，根据检测结果执行是否刷新重启系统。

如果项目部署上线，应将其改为 False，否则会泄漏系统的相关信息。

　　域名访问权限 ALLOWED_HOSTS：设置可访问的域名，默认值为空。当 DEBUG 为 True 并且 ALLOWED_HOSTS 为空时，项目只允许以 localhost 或 127.0.0.1 在浏览器上访问。当 DEBUG 为 False 时，ALLOWED_HOSTS 为必填项，否则程序无法启动，如果想允许所有域名访问，可设置 ALLOW_HOSTS = ['*']。

　　App 列表 INSTALLED_APPS：告诉 Django 有哪些 App。在项目创建时已有 admin、auth 和 session 等配置信息，这些都是 Django 内置的应用功能，各个功能说明如下。

- admin：内置的后台管理系统。
- auth：内置的用户认证系统。
- contenttypes：记录项目中所有 model 元数据（Django 的 ORM 框架）。
- sessions：Session 会话功能，用于标识当前访问网站的用户身份，记录相关用户信息。
- messages：消息提示功能。
- staticfiles：查找静态资源路径。

　　如果在项目创建了 App，必须在 App 列表 INSTALLED_APPS 添加 App 名称。将 MyDjango 项目已创建的 App 添加到 App 列表，代码如下：

```
INSTALLED_APPS = [
    'django.contrib.admin',
    'django.contrib.auth',
    'django.contrib.contenttypes',
    'django.contrib.sessions',
    'django.contrib.messages',
    'django.contrib.staticfiles',
    'index',
    'user',
]
```

2.2　静态资源

　　静态资源指的是网站中不会改变的文件。在一般的应用程序中，静态资源包括 CSS 文件、JavaScript 文件以及图片等资源文件。此处简单介绍 CSS 和 JavaScript 文件。

CSS 也称层叠样式表（Cascading Style Sheets），是一种用来表现 HTML（标准通用标记语言的一个应用）或 XML（标准通用标记语言的一个子集）等文件样式的计算机语言。CSS 不仅可以静态地修饰网页，还可以配合各种脚本语言动态地对网页各元素进行格式化。

JavaScript 是一种直译式脚本语言，也是一种动态类型、弱类型、基于原型的语言，内置支持类型。它的解释器被称为 JavaScript 引擎，为浏览器的一部分，广泛用于客户端的脚本语言，最早是在 HTML（标准通用标记语言下的一个应用）网页上使用的，用来给 HTML 网页增加动态功能。

一个项目在开发过程中肯定需要使用 CSS 和 JavaScript 文件，这些静态文件的存放主要由配置文件 settings.py 设置，配置信息如下：

```
# Static files (CSS, JavaScript, Images)
# https://docs.djangoproject.com/en/2.0/howto/static-files/
STATIC_URL = '/static/'
```

上述配置将静态资源存放在文件夹 static，而文件夹 static 只能放在 App 里面。当项目启动时，Django 会根据静态资源存放路径去查找相关的资源文件，查找功能主要由 App 列表 INSTALLED_APPS 的 staticfiles 实现。在 index 中添加文件夹 static 并在文件夹放置图片，如图 2-1 所示。

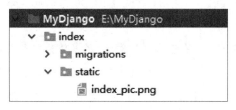

图 2-1　static 文件夹信息

启动项目程序后，在浏览器上访问 http://127.0.0.1:8000/static/index_pic.png，可以看到图片展现在浏览器中。如果将 static 文件夹放置在 MyDjango 的根目录下，在浏览器上会显示 404 无法访问的异常信息。

如果想在 MyDjango 的根目录下存放静态资源，可以在配置文件 settings.py 中设置 STATICFILES_DIRS 属性。该属性以列表的形式表示，设置方式如下：

```
# 设置根目录的静态资源文件夹 public_static
STATICFILES_DIRS = [os.path.join(BASE_DIR, 'public_static'),
```

```
                    # 设置App（index）的静态资源文件夹index_static
                    os.path.join(BASE_DIR, 'index/index_static'),]
```

分别在项目的根目录下添加文件夹public_static和在App中添加文件夹index_static，在这两个文件夹下分别放置相应的图片，如图2-2所示。

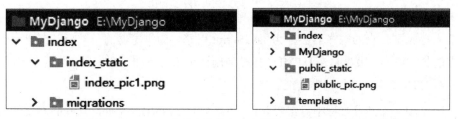

图2-2 左侧为index_static文件夹的信息，右侧为public_static文件夹的信息

启动项目程序后，在浏览器上分别输入地址http://127.0.0.1:8000/static/public_pic.png和http://127.0.0.1:8000/static/index_pic1.png，可以看到静态资源的内容展现在浏览器上。

从上面的例子可以看到，配置属性STATIC_URL和STATICFILES_DIRS存在明显的区别。

- STATIC_URL是必须配置的属性而且属性值不能为空。如果没有配置STATICFILES_DIRS，则STATIC_URL只能识别App里的static静态资源文件夹。
- STATICFILES_DIRS是可选配置属性，属性值为列表或元组格式，每个列表（元组）元素代表一个静态资源文件夹，这些文件夹可自行命名。
- 在浏览器上访问项目的静态资源时，无论项目的静态资源文件夹是如何命名的，在浏览器上，静态资源的上级目录必须为static，而static是STATIC_URL的属性值，因为STATIC_URL也是静态资源的起始URL。

除此之外，静态资源配置还有STATIC_ROOT，其作用是方便在服务器上部署项目，实现服务器和项目之间的映射。STATIC_ROOT主要收集整个项目的静态资源并存放在一个新的文件夹，然后由该文件夹与服务器之间构建映射关系。STATIC_ROOT配置如下：

```
STATIC_ROOT = os.path.join(BASE_DIR, 'all_static')
```

STATIC_ROOT用于项目生产部署，在项目开发过程中作用不大，关于STATIC_

ROOT 的使用会在第 11 章 11.13 节详细讲述。

2.3 模板路径

在 Web 开发中,模板是一种较为特殊的 HTML 文档。这个 HTML 文档嵌入了一些能够让 Python 识别的变量和指令,然后程序解析这些变量和指令,生成完整的 HTML 网页并返回给用户浏览。模板是 Django 里面的 MTV 框架模式的 T 部分,配置模板路径是告诉 Django 在解析模板时,如何找到模板所在的位置。创建项目时,Django 已有初始的模板配置信息,如下所示:

```
TEMPLATES = [
    {
        'BACKEND': 'django.template.backends.django.DjangoTemplates',
        'DIRS': [],
        'APP_DIRS': True,
        'OPTIONS': {
            'context_processors': [
                'django.template.context_processors.debug',
                'django.template.context_processors.request',
                'django.contrib.auth.context_processors.auth',
                'django.contrib.messages.context_processors.messages',
            ],
        },
    },
]
```

模板配置是以列表格式呈现的,每个元素具有不同的含义,其含义说明如下。

- BACKEND:定义模板引擎,用于识别模板里面的变量和指令。内置的模板引擎有 Django Templates 和 jinja2.Jinja2,每个模板引擎都有自己的变量和指令语法。
- DIRS:设置模板所在路径,告诉 Django 在哪个地方查找模板的位置,默认为空列表。
- APP_DIRS:是否在 App 里查找模板文件。
- OPTIONS:用于填充在 RequestContext 中上下文的调用函数,一般情况下不做任何修改。

模板配置通常配置 DIRS 的模板路径即可。在项目的根目录和 index 下分别创建 templates 文件夹，并在文件夹下分别创建文件 index.html 和 app_index.html，如图 2-3 所示。

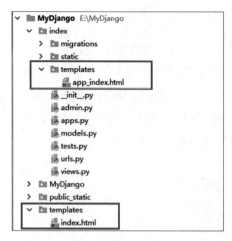

图 2-3 模板配置信息

根目录的 templates 通常存放共用的模板文件，能够供各个 App 的模板文件调用，该模式符合代码重复使用的原则，如 HTML 的 <head> 部分。index 的 templates 是存放当前 App 所需要使用的模板文件。根据图 2-3 的设置，模板配置代码如下：

```
TEMPLATES = [
    {
        'BACKEND': 'django.template.backends.django.DjangoTemplates',
        'DIRS': [os.path.join(BASE_DIR, 'templates'),
                 os.path.join(BASE_DIR, 'index/templates')],
        'APP_DIRS': True,
        'OPTIONS': {
            'context_processors': [
                'django.template.context_processors.debug',
                'django.template.context_processors.request',
                'django.contrib.auth.context_processors.auth',
                'django.contrib.messages.context_processors.messages',
            ],
        },
    },
]
```

2.4 数据库配置

数据库配置是选择项目所使用的数据库的类型，不同的数据库需要设置不同的数据库引擎，数据库引擎用于实现项目与数据库的连接，Django 提供 4 种数据库引擎：

```
'django.db.backends.postgresql'
'django.db.backends.mysql'
'django.db.backends.sqlite3'
'django.db.backends.oracle'
```

项目创建时默认使用 Sqlite3 数据库，这是一款轻型的数据库，常用于嵌入式系统开发，而且占用的资源非常少。Sqlite3 数据库配置信息如下：

```
DATABASES = {
    'default': {
        'ENGINE': 'django.db.backends.sqlite3',
        'NAME': os.path.join(BASE_DIR, 'db.sqlite3'),
    }
}
```

如果把上述的连接信息改为 MySQL 数据库，首先安装 MySQL 连接模块，由于 mysqldb 不支持 Python 3，因此 Django 2.0 不再使用 mysqldb 作为 MySQL 的连接模块，而选择了 mysqlclient 模块，两者之间在使用上并没有太大的差异。

在配置 MySQL 之前，首先安装 mysqlclient 模块，这里以 pip 安装方法为例，打开 CMD 窗口并输入安装指令 pip install mysqlclient，等待模板安装完成。然后检测 mysqlclient 的版本信息，如果 mysqlclient 版本信息过低，就不符合 Django 的使用要求。在 CMD 窗口进入 Python 交互解释器进行版本验证，如图 2-4 所示。

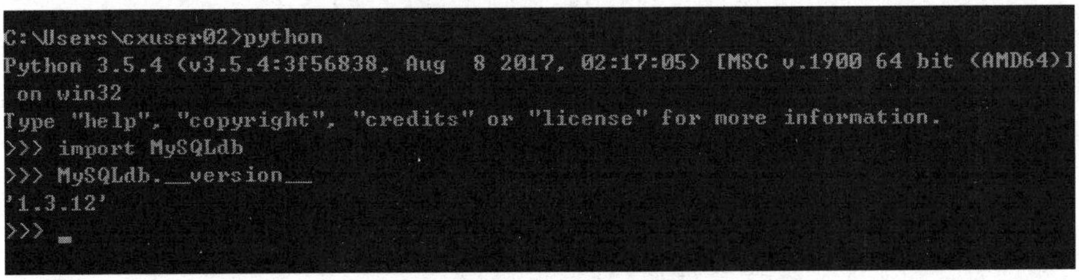

图 2-4 mysqlclient 版本信息

一般情况下，使用 pip 安装 mysqlclient 模块都能符合 Django 的使用要求。如果在开发过程中发现 Django 提示 mysqlclient 过低，而且 mysqlclient 的版本又大于 1.3.3 版本，那么可以对 Django 的源码进行修改，在 Python 的安装目录下找到 base（\Lib\site-packages\django\db\backends\mysql\base.py）文件，在文件中找到如图 2-5 所示的代码并将其注释掉：

```
from MySQLdb.constants import CLIENT, FIELD_TYPE                # isort:skip
from MySQLdb.converters import conversions                       # isort:skip

# Some of these import MySQLdb, so import them after checking if it's installed.
from .client import DatabaseClient                               # isort:skip
from .creation import DatabaseCreation                           # isort:skip
from .features import DatabaseFeatures                           # isort:skip
from .introspection import DatabaseIntrospection                 # isort:skip
from .operations import DatabaseOperations                       # isort:skip
from .schema import DatabaseSchemaEditor                         # isort:skip
from .validation import DatabaseValidation                       # isort:skip

version = Database.version_info
#if version < (1, 3, 3):
#    raise ImproperlyConfigured("mysqlclient 1.3.3 or newer is required; you have %s" % Database.__version__)
```

图 2-5 注释 Django 源码

完成 mysqlclient 模块的安装后，在项目的配置文件 settings.py 中配置 MySQL 数据库连接信息，代码如下：

```
DATABASES = {
    'default': {
        'ENGINE': 'django.db.backends.mysql',
        'NAME': 'django_db',
        'USER':'root',
        'PASSWORD':'1234',
        'HOST':'127.0.0.1',
        'PORT':'3306',
    }
}
```

上述连接方式用于连接 MySQL 里面一个名为 django_db 的数据库，上述配置只是连接了一个 django_db 数据库。在日常的开发中，有时候需要连接多个数据库，实现方法如下：

```
DATABASES = {
# 第一个数据库
    'default': {
        'ENGINE': 'django.db.backends.mysql',
        'NAME': 'django_db',
        'USER':'root',
        'PASSWORD':'1234',
```

```
            'HOST':'127.0.0.1',
            'PORT':'3306',
    },
    # 第二个数据库
    'MyDjango': {
            'ENGINE': 'django.db.backends.mysql',
            'NAME': 'MyDjango_db',
            'USER':'root',
            'PASSWORD':'1234',
            'HOST':'127.0.0.1',
            'PORT':'3306',
    },
    # 第三个数据库
    'my_sqlite3': {
            'ENGINE': 'django.db.backends.sqlite3',
            'NAME': os.path.join(BASE_DIR, 'sqlite3'),
    },
}
```

上述代码共连接三个数据库，分别是 django_db、MyDjango_db 和 Sqlite3。django_db 和 MyDjango_db 均属于 MySQL 数据库系统，Sqlite3 属于 Sqlite3 数据库系统。从属性 DATABASES 的数据类型可以发现是一个 Python 的数据字典，也就是说如果需要连接多个数据库，只要在属性 DATABASES 中设置不同的键值对即可实现。

值得注意的是，本书是以 MySQL 的 5.7 版本为例进行介绍的。如果读者使用的是 5.7 以上的版本，在 Django 连接 MySQL 数据库时会提示 django.db.utils.OperationalError 的错误信息，这是因为 MySQL 8.0 版本的密码加密方式发生了改变，8.0 版本的用户密码采用的是 cha2 加密方法。

为了解决这个问题，我们通过 SQL 语句将 8.0 版本的加密方法改回原来的加密方式，这样可以解决 Django 连接 MySQL 数据库的错误问题。在 MySQL 的可视化工具中运行以下 SQL 语句：

```
#newpassword 是我们设置的用户密码
ALTER USER 'root'@'localhost' IDENTIFIED WITH mysql_native_password BY 'newpassword';
FLUSH PRIVILEGES;
```

Django 除了支持 PostgreSQL、Sqlite3、MySQL 和 Oracle 之外，还支持 SQLServer 和 MongoDB 的连接。由于不同的数据库有不同的连接方式，此处不过多介绍，本书主要以 MySQL 连接为例，若需了解其他数据库的连接方式，可自行搜索相关资料。

2.5 中间件

中间件（Middleware）是处理 Django 的 request 和 response 对象的钩子。当用户在网站中进行单击某个按钮等操作时，这个动作是用户向网站发送请求（request）；而网页会根据用户的操作返回相关的网页内容，这个过程称为响应处理（response）。从请求到响应的过程中，当 Django 接收到用户请求时，Django 首先经过中间件处理请求信息，执行相关的处理，然后将处理结果返回给用户，中间件执行流程如图 2-6 所示。

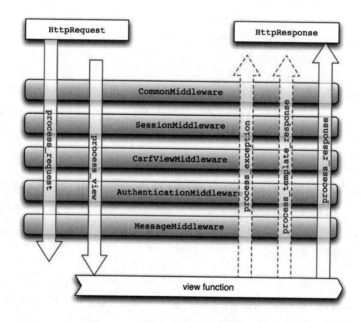

图 2-6 中间件执行流程

从图 2-6 中能清晰地看到，中间件的作用主要是处理用户请求信息。开发者也可以根据自己的开发需求自定义中间件，只要将自定义的中间件添加到配置属性 MIDDLEWARE 中即可激活。一般情况下，Django 默认的中间件配置均可满足大部分的开发需求。在项目的 MIDDLEWARE 中添加 LocaleMiddleware 中间件，使得 Django 内置的功能支持中文显示，代码如下：

```
MIDDLEWARE = [
    'django.middleware.security.SecurityMiddleware',
```

```
            'django.contrib.sessions.middleware.SessionMiddleware',
            # 使用中文
            'django.middleware.locale.LocaleMiddleware',
            'django.middleware.common.CommonMiddleware',
            'django.middleware.csrf.CsrfViewMiddleware',
            'django.contrib.auth.middleware.AuthenticationMiddleware',
            'django.contrib.messages.middleware.MessageMiddleware',
            'django.middleware.clickjacking.XFrameOptionsMiddleware',
    ]
```

配置属性 MIDDLEWARE 的数据格式为列表类型，每个中间件的设置顺序是固定的，如果随意变更中间件很容易导致程序异常。每个中间件的说明如下：

- SecurityMiddleware：内置的安全机制，保护用户与网站的通信安全。
- SessionMiddleware：会话 Session 功能。
- LocaleMiddleware：支持中文语言。
- CommonMiddleware：处理请求信息，规范化请求内容。
- CsrfViewMiddleware：开启 CSRF 防护功能。
- AuthenticationMiddleware：开启内置的用户认证系统。
- MessageMiddleware：开启内置的信息提示功能。
- XFrameOptionsMiddleware：防止恶意程序点击劫持。

2.6 本章小结

项目配置是根据实际开发需求从而对整个 Web 框架编写相关配置信息。配置信息主要由项目的 settings.py 实现，主要配置有项目路径、密钥配置、域名访问权限、App 列表、配置静态资源、配置模板文件、数据库配置、中间件和缓存配置。

当 DEBUG 为 True 并且 ALLOWED_HOSTS 为空时，项目只允许以 localhost 或 127.0.0.1 在浏览器上访问。当 DEBUG 为 False 时，ALLOWED_HOSTS 为必填项，否则程序无法启动，如果想允许所有域名访问，可设置 ALLOW_HOSTS = ['*']。

App 列表 INSTALLED_APPS 的各个功能说明如下。

- admin：内置的后台管理系统。
- auth：内置的用户认证系统。

- contenttypes：记录项目中所有 model 元数据（Django 的 ORM 框架）。
- sessions：Session 会话功能，用于标识当前访问网站的用户身份，记录相关用户信息。
- messages：消息提示功能。
- staticfiles：查找静态资源路径。

配置静态资源需要了解属性 STATIC_URL 和 STATICFILES_DIRS 的区别，两者区别如下。

- STATIC_URL 是必须配置的属性而且属性值不能为空。如果没有配置 STATICFILES_DIRS，则 STATIC_URL 只能识别 App 里的 static 静态资源文件夹。
- STATICFILES_DIRS 是可选配置属性，属性值为列表或元组格式，每个列表（元组）元素代表一个静态资源文件夹，这些文件夹可自行命名。
- 在浏览器上访问项目的静态资源时，无论项目的静态资源文件夹是如何命名的，在浏览器上，静态资源的上级目录必须为 static，而 static 是 STATIC_URL 的属性值，因为 STATIC_URL 也是静态资源的起始 URL。

模板信息是以列表格式呈现的，每个元素具有不同的含义，其含义说明如下。

- BACKEND：定义模板引擎，用于识别模板里面的变量和指令。内置的模板引擎有 DjangoTemplates 和 jinja2.Jinja2，每个模板引擎都有自己的变量和指令语法。
- DIRS：设置模板所在路径，告诉 Django 在哪个地方查找模板的位置，默认为空列表。
- APP_DIRS：是否在 App 里查找模板文件。
- OPTIONS：用于填充在 RequestContext 中上下文的调用函数，一般情况下不做任何修改。

Django 配置 MySQL 数据库连接信息：

```
DATABASES = {
    'default': {
        'ENGINE': 'django.db.backends.mysql',
```

```
            'NAME': 'django_db',
            'USER':'root',
            'PASSWORD':'1234',
            'HOST':'127.0.0.1',
            'PORT':'3306',
    }
}
```

中间件由属性 MIDDLEWARE 完成配置，属性 MIDDLEWARE 的数据格式为列表类型，每个中间件的设置顺序是固定的，如果随意变更中间件很容易导致程序异常。

第 3 章

编写 URL 规则

URL（Uniform Resource Locator，统一资源定位符）是对可以从互联网上得到的资源位置和访问方法的一种简洁的表示，是互联网上标准资源的地址。互联网上的每个文件都有一个唯一的 URL，用于指出文件的路径位置。简单地说，URL 就是常说的网址，每个地址代表不同的网页，在 Django 中，URL 也称为 URLconf。

3.1 URL 编写规则

在讲解 URL 编写规则之前，需对 MyDjango 项目的目录进行调整，使其更符合开发规范性。在每个 App 中设置独立的静态资源和模板文件夹并添加一个空白内容的 .py 文件，命为 urls.py。项目结构如图 3-1 所示。

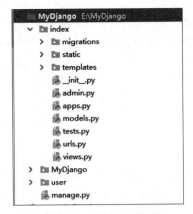

图 3-1 MyDjango 目录结构

在 App 里添加 urls.py 是将属于 App 的 URL 都写入到该文件中，而项目根目录（即文件夹 MyDjango 的 urls.py）的 urls.py 是将每个 App 的 urls.py 统一管理。当程序收到用户请求的时候，首先在根目录的 urls.py 查找该 URL 是属于那个 App，然后再从 App 的 urls.py 找到具体的 URL 信息。在根目录的 urls.py 编写 URL 规则，如下所示：

```
# 根目录的 urls.py
from django.contrib import admin
from django.urls import path,include
urlpatterns = [
    path('admin/', admin.site.urls),
    path('',include('index.urls'))
]
```

上述代码设定了两个 URL 地址，分别是 Admin 站点管理和首页地址。其中 Admin 站点管理是在创建项目时已自动生成，一般情况下无须更改。urls.py 的代码解释如下。

- from django.contrib import admin：导入 Admin 功能模块。
- from django.urls import path,include：导入 URL 编写模块。
- urlpatterns：整个项目的 URL 集合，每个元素代表一条 URL 信息。
- path('admin/', admin.site.urls)：设定 Admin 的 URL。'admin/' 代表 127.0.0.1:8000/admin 地址信息，admin 后面的斜杠是路径分隔符；admin.site.urls 是 URL 的处理函数，也称为视图函数。
- path('',include('index.urls'))：URL 为空，代表为网站的域名，即 127.0.0.1:8000，通常是网站的首页；include 将该 URL 分发给 index 的 urls.py 处理。

由于首页的地址分发给 index 的 urls.py 处理，因此下一步需要对 index 的 urls.py 编写 URL 信息，代码如下：

```python
# index 的 urls.py
from django.urls import path
from . import views
urlpatterns = [
    path('', views.index)
]
```

index 的 urls.py 的编写规则与根目录的 urls.py 大致相同，基本上所有的 URL 都是有固定编写格式的。上述代码导入了同一目录下的 views.py 文件，该文件用于编写视图函数，处理 URL 请求信息并返回网页内容给用户。因此，在 views.py 中编写 index 函数的处理过程，代码如下：

```python
# index 的 views.py
from django.http import HttpResponse
# Create your views here.
def index(request):
    return HttpResponse("Hello world")
```

index 函数必须设置参数 request，该参数代表当前用户的请求对象，该对象包含用户名、请求内容和请求方式等信息，视图函数执行完成后必须使用 return 将处理结果返回，否则程序会抛出异常信息。启动 MyDjango 项目，在浏览器中打开 http://127.0.0.1:8000/，运行结果如图 3-2 所示。

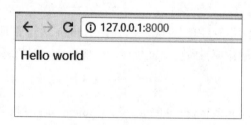

图 3-2 首页内容

3.2 带变量的 URL

在日常开发过程中，有时候一个 URL 可以代表多个不同的页面，如编写带有日期的 URL，若根据前面的编写方式，按一年计算，则需要开发者编写 365 个不同的

URL 才能实现，这种做法明显是不可取的。因此，Django 在编写 URL 时，可以对 URL 设置变量值，使 URL 具有多样性。

URL 的变量类型有字符类型、整型、slug 和 uuid，最为常用的是字符类型和整型。各个类型说明如下。

- 字符类型：匹配任何非空字符串，但不含斜杠。如果没有指定类型，默认使用该类型。
- 整型：匹配 0 和正整数。
- slug：可理解为注释、后缀或附属等概念，常作为 URL 的解释性字符。可匹配任何 ASCII 字符以及连接符和下画线，能使 URL 更加清晰易懂。比如网页的标题是"13 岁的孩子"，其 URL 地址可以设置为"13-sui-de-hai-zi"。
- uuid：匹配一个 uuid 格式的对象。为了防止冲突，规定必须使用破折号并且所有字母必须小写，例如 075194d3-6885-417e-a8a8-6c931e272f00。

根据上述变量类型，在 index 的 urls.py 里添加带有字符类型、整型和 slug 的 URL 地址信息，代码如下：

```
# index 的 urls.py
from django.urls import path
from . import views
urlpatterns = [
    path('', views.index),
    # 添加带有字符类型、整型和 slug 的 URL
    path('<year>/<int:month>/<slug:day>', views.mydate)
]
```

在 URL 中使用变量符号"< >"可以为 URL 设置变量。在括号里面以冒号划分为两部分，前面代表的是变量的数据类型，后面代表的是变量名，变量名可自行命名。上述代码对新增的 URL 设置了三个变量值，分别是 <year>、<int:month> 和 <slug:day>，变量说明如下。

- <year>：变量名为 year，数据格式为字符类型，与 <str:year> 的含义一样。
- <int:month>：变量名为 month，数据格式为整型。
- <slug:day>：变量名为 day，数据格式为 slug。

然后在 views.py 中编写视图函数 mydate 的处理方法，代码如下：

```
# views.py 的 mydate 函数
def mydate(request, year, month, day):
    return HttpResponse(str(year) +'/'+ str(month) +'/'+ str(day))
```

视图函数 mydate 有 4 个函数参数，其中参数 year、month 和 day 来自于 URL 的变量。URL 的变量和视图函数的参数要一一对应，如果视图函数的参数与 URL 的变量对应不上，那么程序会抛出参数不相符的报错信息。启动项目，在浏览器上输入 http://127.0.0.1:8000/2018/05/01，运行结果如图 3-3 所示。

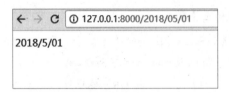

图 3-3 运行结果

在上述例子中，URL 的变量分别代表年、月、日。从变量的数据类型可以看出，变量值只要符合数据格式都是合法的，使得某些变量值不符合日期格式要求。为了进一步规范日期格式，可以使用正则表达式限制 URL 的可变范围。正则表达式的 URL 编写规则如下：

```
from django.urls import path, re_path
from . import views
urlpatterns = [
    path('', views.index),
    # path('<year>/<int:month>/<slug:day>', views.mydate),
    re_path('(?P<year>[0-9]{4})/(?P<month>[0-9]{2})/(?P<day>[0-9]{2}).html', views.mydate)
]
```

在 URL 中引入正则表达式，首先导入 re_path 功能模块，正则表达式的作用是对 URL 的变量进行截取与判断，以小括号表示，每个小括号的前后可以使用斜杠或者其他字符将其分隔。以上述代码为例，分别将变量 year、month 和 day 以斜杠分割，每个变量以一个小括号为单位，在小括号内，可分为三部分，以 (?P<year>[0-9]{4}) 为例进行介绍。

- ?P 是固定格式。
- <year> 为变量的编写规则。
- [0-9]{4} 是正则表达式的匹配模式，代表变量的长度为 4，只允许取 0-9 的值。

值得注意的是，如果 URL 的末端使用正则表达式，那么在该 URL 的末端应加上斜杠或者其他字符，否则正则表达式无法生效。例如上述例子的变量 day，若在末端没有设置 ".html"，则在浏览器上输入无限长的字符串，程序也能正常访问。

3.3 设置参数 name

除了在 URL 里面设置变量之外，Django 还可以对 URL 进行命名。在 index 的 urls.py、views.py 和模板 myyear.html 中添加以下代码：

```
# 在urls.py添加新的URL信息
re_path('(?P<year>[0-9]{4}).html', views.myyear, name='myyear')

# 在views.py添加对应的视图函数
def myyear(request, year):
    return render(request, 'myyear.html')

# 在templates文件夹添加myyear.html文件:
<!DOCTYPE html>
<html lang="en">
<head>
    <meta charset="UTF-8">
    <title>Title</title>
</head>
<body>
<div><a href="/2018.html">2018 old Archive</a></div>
<div><a href="{% url 'myyear' 2018 %}">2018 Archive</a></div>
</body>
</html>
```

上述代码分别从 URL、视图函数和 HTML 模板来说明参数 name 的具体作用，整个执行流程如下：

（1）当用户访问该 URL 时，项目根据 URL 信息选择视图函数 myyear 处理，并将该 URL 命名为 myyear。

（2）视图函数 myyear 将模板 myyear.html 作为响应内容并生成相应的网页返回给用户。

（3）在模板 myyear.html 中分别设置两个标签 a，虽然两个标签 a 的 href 属性值的写法有所不同，但实质上两者都指向命名为 myyear 的 URL 地址信息。

（4）第二个标签 a 的 href 为 {% url 'myyear' 2018 %}，这是 Django 的模板语法，模板语法以 {% %} 表示。其中，url 'myyear' 是将命名为 myyear 的 URL 地址信息作为 href 属性值；2018 是该 URL 的变量 year，若 URL 没有设置变量值，则无须添加。

从上述例子可以看到，模板中的 myyear 与 urls.py 所设置的参数 name 是一一对应的。参数 name 的作用是对该 URL 地址信息进行命名，然后在 HTML 模板中使用可以生成相应的 URL 信息。

在以往，大多数开发者都是采用第一种方法在模板上设置每个标签 a 的 href 属性值，如果 URL 地址信息发生变更，就要修改每个标签 a 的 href 属性值，这种做法不利于 URL 的变更和维护。而在 URL 中设置参数 name，只要参数 name 的值不变，无论 URL 地址信息如何修改都无须修改模板中标签 a 的 href 属性值。运行结果如图 3-4 所示。

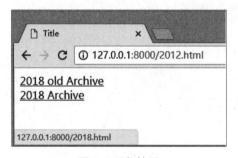

图 3-4 运行结果

3.4 设置额外参数

除了参数 name 之外，还有一种参数类型是以字典的数据类型传递的，该参数没有具体命名，只要是字典形式即可，而且该参数只能在视图函数中读取和使用。其代码如下：

```
# 参数为字典的 URL
re_path('dict/(?P<year>[0-9]{4}).htm', views.myyear_dict, {'month':
'05'}, name='myyear_dict')

# 参数为字典的 URL 的视图函数
```

```
def myyear_dict(request, year, month):
    return render(request, 'myyear_dict.html',{'month':month})

# 在 templates 文件夹添加 myyear_dict.html 文件：
<!DOCTYPE html>
<html lang="en">
<head>
    <meta charset="UTF-8">
    <title>Title</title>
</head>
<body>
<a href="{% url 'myyear_dict' 2018 %}">2018 {{ month }} Archive</a>
</body>
</html>
```

上述代码分别从 URL、视图函数和 HTML 模板来说明 URL 额外参数的具体作用，说明如下：

- 除了在 URL 地址信息中设置参数 name 之外，还加入了参数 {'month': '05'}，该参数用于设置参数 month，参数值为 05。
- 然后视图函数 myyear_dict 获取了变量 year 和参数 month，前者设置在 URL 地址中，而后者在 URL 地址外。
- 最后视图函数将参数 month 的值传递到 HTML 模板并生成 HTML 网页返回给用户。运行结果如图 3-5 所示。

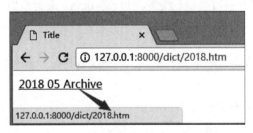

图 3-5 运行结果

在编写 URL 规则时，如果需要设置额外参数，设置规则如下：

- 参数只能以字典的形式表示。
- 设置的参数只能在视图函数读取和使用。
- 字典的一个键值对代表一个参数，键代表参数名，值代表参数值。
- 参数值没有数据格式限制，可以为某个对象、字符串或列表（元组）等。

3.5 本章小结

统一资源定位符（Uniform Resource Locator，URL）是对可以从互联网上得到的资源位置和访问方法的一种简洁的表示，是互联网上标准资源的地址。互联网上的每个文件都有一个唯一的 URL，用于指出文件的路径位置。简单地说，URL 就是常说的网址，每个地址代表不同的网页，在 Django 中，URL 也称为 URLconf。

URL 的基本编写规则如下，以根目录的 urls.py 为例进行介绍。

- from django.contrib import admin：导入 Admin 功能模块。
- from django.urls import path,include：导入 URL 编写模块。
- urlpatterns：整个项目的 URL 集合，每个元素代表一条 URL 信息。
- path('admin/', admin.site.urls)：设定 Admin 的 URL。'admin/' 代表 127.0.0.1:8000/admin 地址信息，admin 后面的斜杠是路径分隔符；admin.site.urls 是 URL 的处理函数，也称为视图函数。
- path('',include('index.urls'))：URL 为空，代表网站的域名，即 127.0.0.1:8000，通常是网站的首页；include 将该 URL 分发给 index 的 urls.py 处理。

URL 的变量类型有字符类型、整型、slug 和 uuid，最为常用的是字符类型和整型。各个类型说明如下。

- 字符类型：匹配任何非空字符串，但不含斜杠。如果没有指定类型，默认使用该类型。
- 整型：匹配 0 和正整数。
- slug：可理解为注释、后缀或附属等概念，常作为 URL 的解释性字符。可匹配任何 ASCII 字符以及连接符和下画线，能使 URL 更加清晰易懂。比如网页的标题是 "13 岁的孩子"，其 URL 地址可以设置为 "13-sui-de-hai-zi"。
- uuid：匹配一个 uuid 格式的对象。为了防止冲突，规定必须使用破折号并且所有字母必须小写，例如 075194d3-6885-417e-a8a8-6c931e272f00。

在 URL 中引入正则表达式，首先导入 re_path 功能模块，正则表达式的作用是对 URL 的变量进行截取与判断，以小括号表示，每个小括号的前后可以使用斜杠或者其他字符将其分隔。以上述代码为例，分别将变量 year、month 和 day 以斜杠分割，每个变量以一个小括号为单位，在小括号内，可分为三部分，以 (?P<year>[0-9]{4}) 为例：

- ?P 是固定格式。
- <year> 为变量的编写规则。
- [0-9]{4} 是正则表达式的匹配模式，代表变量的长度为 4，只允许取 0-9 的值。

值得注意的是，如果 URL 的末端使用正则表达式，那么在该 URL 的末端应加上斜杠或者其他字符，否则正则表达式无法生效。例如上述例子的变量 day，若在末端没有设置".html"，则在浏览器上输入无限长的字符串，程序也能正常访问。

参数 name 的作用是对 URL 地址进行命名，然后在 HTML 模板中使用可以生成相应的 URL 信息。在 URL 中设置参数 name，只要参数 name 的值不变，无论 URL 地址信息如何修改都无须修改模板中标签 a 的 href 属性值。

在编写 URL 规则时，如果需要设置额外参数，设置规则如下：

- 参数只能以字典的形式表示。
- 设置的参数只能在视图函数中读取和使用。
- 字典的一个键值对代表一个参数，键代表参数名，值代表参数值。
- 参数值没有数据格式限制，可以为某个对象、字符串或列表（元组）等。

第 4 章

探究视图

视图（View）是 Django 的 MTV 架构模式的 V 部分，主要负责处理用户请求和生成相应的响应内容，然后在页面或其他类型文档中显示。也可以理解为视图是 MVC 架构里面的 C 部分（控制器），主要处理功能和业务上的逻辑。

4.1 构建网页内容

在第 3 章中，我们看到视图函数都是通过 return 方式返回数据内容的，然后生成相应的网页内容呈现在浏览器上。而视图函数的 return 具有多种响应类型，如表 4-1 所示。

表4-1 视图函数return的响应类型

响应类型	说明
HttpResponse('Hello world')	HTTP状态码200，请求已成功被服务器接收
HttpResponseRedirect('/admin/')	HTTP状态码302，重定向Admin站点的URL
HttpResponsePermanentRedirect('/admin/')	HTTP状态码301，永久重定向Admin站点的URL
HttpResponseBadRequest('BadRequest')	HTTP状态码400，访问的页面不存在或者请求错误
HttpResponseNotFound('NotFound')	HTTP状态码404，网页不存在或网页的URL失效
HttpResponseForbidden('NotFound')	HTTP状态码403，没有访问权限
HttpResponseNotAllowed('NotAllowed Get')	HTTP状态码405，不允许使用该请求方式
HttpResponseServerError('ServerError')	HTTP状态码500，服务器内容错误

响应类型代表 HTTP 状态码，其核心作用是 Web Server 服务器用来告诉客户端当前的网页请求发生了什么事，或者当前 Web 服务器的响应状态。上述响应主要来自于模块 django.http，该模块是实现响应功能的核心。在实际开发中，可以使用该模板实现文件下载功能，在 index 的 urls.py 和 views.py 中分别添加以下代码：

```
# urls.py 代码
path('download.html', views.download)

# views.py 代码
import csv
def download(request):
    response = HttpResponse(content_type='text/csv')
    response['Content-Disposition'] = 'attachment; filename="somefilename.csv"'
    writer = csv.writer(response)
    writer.writerow(['First row', 'A', 'B', 'C'])
    return response
```

上述文件下载功能说明如下：

- 当接收到用户的请求后，视图函数 download 首先定义 HttpResponse 的响应类型为文件（text/csv）类型，生成 response 对象。
- 然后在 response 对象上定义 Content-Disposition，设置浏览器下载文件的名称。attachment 设置文件的下载方式，filename 为文件名。
- 最后使用 CSV 模块加载 response 对象，把数据写入 response 对象所设置的

CSV文件并将response对象返回到浏览器上,从而实现文件下载。运行结果如图4-1所示。

图4-1 文件下载

django.http除了实现文件下载之外,要使用该模块生成精美的HTML网页,可以在响应内容中编写HTML源码,如HttpResponse('<html><body>...</body></html>')。尽管这是一种可行的方法,但并不符合实际开发。因此,Django在django.http模块上进行封装,从而有了render()、render_to_response()和redirect()函数。

render()和render_to_response()实现的功能是一致的。render_to_response()自2.0版本以来已开始被弃用,并不代表在2.0版本无法使用,只是大部分开发者都使用render()。因此,本书只对render()进行讲解,render()的语法如下:

render(request, template_name, context = None, content_type = None, status = None, using = None)

函数render()的参数request和template_name是必需参数,其余的参数是可选参数。各个参数说明如下。

- request:浏览器向服务器发送的请求对象,包含用户信息、请求内容和请求方式等。
- template_name:HTML模板文件名,用于生成HTML网页。
- context:对HTML模板的变量赋值,以字典格式表示,默认情况下是一个空字典。
- content_type:响应数据的数据格式,一般情况下使用默认值即可。
- status:HTTP状态码,默认为200。
- using:设置HTML模板转换生成HTML网页的模板引擎。

为了更好地说明render使用方法,将MyDjango项目整理归纳,项目结构如图4-2所示。

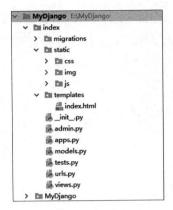

图 4-2 项目结构

项目的 templates 有 index.html 模板,这是一个伪华为商城的网页,static 用于存放该 HTML 模板的静态资源。我们在 urls.py 和 views.py 中编写以下代码:

```
# urls.py 代码如下:
from django.urls import path
from . import views
urlpatterns = [
    # 首页的 URL
    path('', views.index),
]

# views.py 代码如下:
from django.shortcuts import render
def index(request):
    return render(request, 'index.html',context={'title': '首页'},
status=500)
```

从视图函数的 context={'title':'首页'} 可知,将 index.html 模板变量 title 的值设为首页,返回的状态码为 500。启动项目,运行结果如图 4-3 所示。

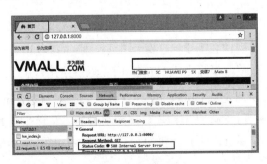

图 4-3 运行结果

除了 render 函数外，还有 redirect() 函数。redirect() 函数用于实现请求重定向，重定向的链接以字符串的形式表示，链接的地址信息可以支持相对路径和绝对路径，代码如下：

```python
# urls.py 的 URL 地址信息
path('login.html', views.login)

# views.py 的视图函数
def login(request):
    # 相对路径，代表首页地址
    return redirect('/')
    # 绝对路径，完整的地址信息
    # return redirect('http://127.0.0.1:8000/')
```

启动项目，运行结果如图 4-4 所示。

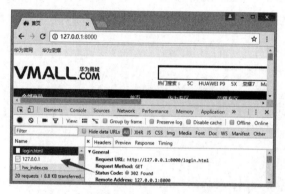

图 4-4 运行结果

4.2 数据可视化

视图除了接收用户请求和返回响应内容之外，还可以与模型（Model）实现数据交互（操作数据库）。视图相当于一个处理中心，负责接收用户请求，然后根据请求信息读取并处理后台数据，最后生成 HTML 网页返回给用户。

视图操作数据库实质是从 models.py 导入数据库映射对象，models.py 的数据库对象是通过 Django 内置的 ORM 框架构建数据库映射的，从而生成数据库对象（数据库对象的实现过程会在第 6 章讲解）。我们在 index 的 models.py 中编写以下代码：

```
# models.py
from django.db import models
# Create your models here.
class Product(models.Model):
    id = models.IntegerField(primary_key=True)
    name = models.CharField(max_length=50)
    type = models.CharField(max_length=20)
```

上述代码将 Product 类和数据表 Product 构成映射关系，代码只是搭建两者的关系，在数据库中并没有生成相应的数据表。我们在 CMD 窗口中使用 python manage.py XXX 指令通过 Product 类创建数据表 Product，创建指令如下：

```
# 根据 models.py 生成相关的 .py 文件，该文件用于创建数据表
E:\MyDjango>python manage.py makemigrations
Migrations for 'index':
  index\migrations\0001_initial.py
    - Create model product
# 创建数据表
E:\MyDjango>python manage.py migrate
```

指令执行完成后，在数据库中可以看到新创建的数据表，如图 4-5 所示。

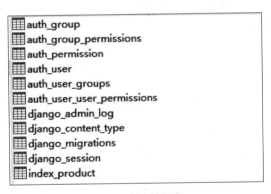

图 4-5 创建数据表

从图 4-5 中可以看到，当指令执行完成后，Django 会默认创建多个数据表，其中数据表 index_product 对应 index 的 models.py 所定义的 Product 类，其余的数据表都是 Django 内置的功能所生成的，主要用于 Admin 站点、用户认证和 Session 会话等功能。在数据表 index_product 中添加如图 4-6 所示的数据。

图 4-6 在 index_product 中添加数据

完成数据表的数据添加后,接着将数据表的数据展现在网页上。首先将模板文件 index.html 左侧导航栏的代码注释掉,然后在同一位置添加 Django 的模板语法,代码如下:

```
# 注释代码
{#     <ul id="cate_box" class="lf">#}
{#         <li>#}
{#             <h3><a href="#">手机</a></h3>#}
{#             <p><span>荣耀</span><span>畅玩</span><span>华为</span><span>Mate/P 系列</span></p>#}
{#         </li>#}
{#         <li>#}
{#             <h3><a href="#">平板 & 穿戴</a></h3>#}
{#             <p><span>平板电脑</span><span>手环</span><span>手表</span></p>#}
{#         </li>#}
{#     </ul>#}


# 添加新的代码
    <ul id="cate_box" class="lf">
        {% for type in type_list %}
        <li>
            <h3><a href="#">{{ type.type }}</a></h3>
            <p>
                {% for name in name_list %}
                    {% if name.type == type.type %}
                        <span>{{ name.name }}</span>
                    {% endif %}
                {% endfor %}
            </p>
```

```
        </li>
    {% endfor %}
</ul>
```

新添加的代码是 Django 的模板语法，主要将视图的变量传递给模板，通过模板引擎转换成 HTML 语言。上述代码使用循环和判断语句对变量进行分析处理，具体的模板语法会在后续的章节中讲解。最后在视图函数中编写代码，将数据表的数据与模板连接起来，实现数据可视化，代码如下：

```
# views.py
def index(request):
    type_list = Product.objects.values('type').distinct()
    name_list = Product.objects.values('name','type')
    context = {'title': '首页', 'type_list': type_list, 'name_list': name_list}
    return render(request, 'index.html',context=context, status=200)
```

上述代码中，视图函数 index 的处理流程如下：

步骤 01 type_list 用于查询数据表字段 type 的数据并将数据去重，name_list 用于查询数据表字段 type 和 name 的全部数据，这两种独特的查询方式都是由 Django 内置的 ORM 框架提供的。

步骤 02 将查询所得的数据以字典的数据格式写入变量 context 中，变量 context 是 render() 函数的参数值，其作用是将变量传递给 HTML 模板。

步骤 03 当 HTML 模板接收到变量 type_list 和 name_list 后，模板引擎解析模板语法并生成 HTML 文件。运行结果如图 4-7 所示。

图 4-7 运行结果

从上述例子可以看到，如果想要将数据库的数据展现在网页上，需要由视图、模型和模板共同实现，实现步骤如下：

步骤01 定义数据模型，以类的方式定义数据表的字段。在数据库创建数据表时，数据表由模型定义的类生成。

步骤02 在视图导入模型所定义的类，该类也称为数据表对象，Django 为数据表对象提供独有的数据操作方法，可以实现数据库操作，从而获取数据表的数据。

步骤03 视图函数获取数据后，将数据以字典、列表或对象的方式传递给 HTML 模板，并由模板引擎接收和解析，最后生成相应的 HTML 网页。

提示

在上述视图函数中，变量 context 是以字典的形式传递给 HTML 模板的。在实际开发过程中，如果传递的变量过多，使用变量 context 时就显得非常冗余，而且不利于日后的维护和更新。因此，使用 locals() 取代变量 context，代码如下：

```
# views.py
def index(request):
    type_list = Product.objects.values('type').distinct()
    name_list = Product.objects.values('name','type')
    title = '首页'
    return render(request, 'index.html',context=locals(),
                  status=200)
```

locals() 的使用方法：在视图函数中所定义的变量名一定要与 HTML 模板的变量名相同才能生效，如视图函数的 type_list 与 HTML 模板的 type_list，两者的变量名一致才能将视图函数的变量传递给 HTML 模板。

4.3 获取请求信息

我们知道视图是用于接收并处理用户的请求信息，请求信息存放在视图函数的参数 request 中。为了进一步了解参数 request 的属性，在 PyCharm 中使用 debug 模式启动项目,并在视图函数中设置断点功能,然后查看 request 对象的全部属性,如图 4-8 所示。

图 4-8 参数 request 的属性

从图 4-8 中可以看到参数 request 的属性,这代表用户的请求信息。我们讲解一些开发过程中常用的属性,如表 4-2 所示。

表4-2 request的常用属性

属性	说明	实例
COOKIES	获取客户端(浏览器)Cookie信息	data = request.COOKIES
FILES	字典对象,包含所有的上载文件。该字典有三个键:filename为上传文件的文件名;content-type 为上传文件的类型;content为上传文件的原始内容	file = request.FILES

GET	获取GET请求的请求参数,以字典形式存储	//如{'name': 'TOM'}
		request.GET.get('name')

META	获取客户端的请求头信息,以字典形式存储	//获取客户端的IP地址
		request.META.get('REMOTE_ADDR')

POST	获取POST请求的请求参数,以字典形式存储	//如{'name': 'TOM'}
		request.POST.get('name')

method	获取该请求的请求方式(GET或POST请求)	data = request.method
path	获取当前请求的URL地址	path = request.path

user	获取当前请求的用户信息	//获取用户名
		name = request.user.username

上述属性中的 GET、POST 和 method 是每个 Web 开发人员必须掌握的基本属性，属性 GET 和 POST 用于获取用户的请求参数，属性 method 用于获取用户的请求方式。以视图函数 login 为例，代入如下：

```
# urls.py
from django.urls import path
from . import views
urlpatterns = [
    path('login.html', views.login),
]

# views.py
def login(request):
    if request.method == 'POST':
        name = request.POST.get('name')
        # 绝对路径，完整的地址信息
        # return redirect('http://127.0.0.1:8000/')
    # 相对路径，代表首页地址
        return redirect('/')
    else:
        if request.GET.get('name'):
            name = request.GET.get('name')
        else:
            name = 'Everyone'
        return HttpResponse('username is '+ name)
```

视图函数 login 分别使用了属性 GET、POST 和 method，说明如下：

- 首先使用 method 对用户的请求方式进行判断，一般情况下，用户打开浏览器访问某个 URL 地址都是 GET 请求；而在网页上输入信息并点击某个按钮时，以 POST 请求居多，如用户登录、注册等。

- 若判断请求方式为 POST（GET），则通过属性 POST（GET）来获取用户提交的请求参数。不同的请求方式需要使用不同的属性来获取用户提交的请求参数。

在浏览器上分别输入以下 URL 地址：

```
http://127.0.0.1:8000/login.html
http://127.0.0.1:8000/login.html?name=Tom
```

第二条 URL 地址多出了 ?name=Tom，这是 GET 请求的请求参数。GET 请求参数以？为标识，请求参数以等值的形式表示，等号前面的是参数名，后面的是参数值，如果涉及多个参数，每个参数之间用 & 拼接。运行结果如图 4-9 所示。

图 4-9 运行结果

4.4 通用视图

Web 开发是一项无聊而且单调的工作，特别是在视图编写功能方面更为显著。为了减少这类痛苦，Django 植入了通用视图这一功能，该功能封装了视图开发常用的代码和模式，可以在无须编写大量代码的情况下，快速完成数据视图的开发。

通用视图是通过定义和声明类的形式实现的，根据用途划分三大类：TemplateView、ListView 和 DetailView。三者说明如下：

- TemplateView 直接返回 HTML 模板，但无法将数据库的数据展示出来。
- ListView 能将数据库的数据传递给 HTML 模板，通常获取某个表的所有数据。
- DetailView 能将数据库的数据传递给 HTML 模板，通常获取数据表的单条数据。

根据 4.2 节实现的功能，我们将其视图函数改用 ListView 实现。本例子沿用 index.html 模板文件，然后在 urls.py 中添加 URL 地址信息，代码如下：

```
# views.py 代码
from django.urls import path
from . import views
urlpatterns = [
    # 通用视图 ListView
    path('index/', views.ProductList.as_view())
]
```

如果 URL 所指向的处理程序是由通用视图执行的，那么在编写 URL 时，URL 所指向的处理程序应当是一个通用视图，并且该通用视图上必须使用 as_view() 方法。因为通用视图实质上是一个类，使用 as_view() 方法相当于对类进行实例化并由类方法 as_view() 执行处理。最后在 views.py 中编写通用视图 ProductList 的代码，代码如下：

```python
# 通用视图
from django.views.generic import ListView
class ProductList(ListView):
    # context_object_name 设置 HTML 模板的变量名称
    context_object_name = 'type_list'
    # 设定 HTML 模板
    template_name='index_view.html'
    # 查询数据
    queryset = Product.objects.values('type').distinct()

    # 重写 get_queryset 方法，对模型 product 进行数据筛选
    # def get_queryset(self):
    #     type_list = Product.objects.values('type').distinct()
    #     return type_list

    # 添加其他变量
    def get_context_data(self, **kwargs):
        context = super().get_context_data(**kwargs)
        context['name_list'] = Product.objects.values('name','type')
        return context
```

通用视图 ProductList 的代码说明如下：

- 定义 ProductList 类，该类继承自 ListView 类，具有 ListView 的所有特性。
- context_object_name 设置 HTML 模板的变量。
- template_name 设置 IITML 模板。
- queryset 查询数据库数据，查询结果会赋值给 context_object_name 所设置的变量。
- 重写函数 get_queryset，该函数的功能与 queryset 实现的功能一致。
- 重写函数 get_context_data，该函数设置 HTML 模板的其他变量。

通用视图的代码编写规则有一定的固定格式，根据这个固定格式可以快速开发数据视图。除此之外，通用视图还可以获取 URL 的参数和请求信息，使得通用视图更加灵活，以 get_queryset 函数为例：

```python
# urls.py
```

```python
path('index/<id>.html', views.ProductList.as_view(), {'name':'phone'})

# 通用视图 ProductList 类
def get_queryset(self):
    # 获取 URL 的变量 id
    print(self.kwargs['id'])
    # 获取 URL 的参数 name
    print(self.kwargs['name'])
    # 获取请求方式
    print(self.request.method)
    type_list = Product.objects.values('type').distinct()
    return type_list
```

上述代码演示了如何在通用视图中获取 URL 的参数变量和用户的请求信息，代码说明如下：

- 首先对 URL 设置变量 id 和参数 name，这两种设置方式都是日常开发中经常使用的。
- 通用视图在处理用户请求时，URL 的变量和参数都会存放在通用视图的属性 kwargs 中，因此使用 self.kwargs['xxx'] 可以获取变量值或参数值，xxx 代表变量（参数）名。
- 要获取用户请求信息，可以从属性 self.request 中获取。self.request 和视图函数的参数 request 的使用方法是一致的。运行结果如图 4-10 所示。

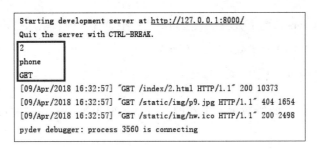

图 4-10 运行结果

从上面的例子可以看出，通用视图的代码量感觉比视图函数多，但是通用视图是可以被继承的。假如已经写好了一个基于类的通用视图，若要对其添加拓展功能，只需继承原本这个类即可。如果写的是视图函数，其拓展性就没有那么灵活，可能需要使用装饰器等高级技巧，或者重新编写新的视图函数，而且新函数的部分代码与原本函数的代码相同。

4.5 本章小结

视图是 Django 的 MTV 架构模式的 V 部分，主要负责处理用户请求和生成相应的响应内容，然后在页面或其他类型文档中显示。也可以理解为视图是 MVC 架构里面的 C 部分（控制器），主要处理功能和业务上的逻辑。

视图函数完成请求处理后，必须通过 return 方式返回数据内容给用户，常用的返回方式由 render()、render_to_response() 和 redirect() 函数实现。其中，render() 和 render_to_response() 实现的功能是一致的。render_to_response() 自 2.0 版本以来已开始被弃用，并不代表在 2.0 版本无法使用，只是大部分开发者都使用 render()。

render() 的参数 request 和 template_name 是必需参数，其余的参数是可选参数。参数说明如下。

- request：浏览器向服务器发送的请求对象，包含用户信息、请求内容和请求方式等。
- template_name：HTML 模板文件名，用于生成 HTML 网页。
- context：对 HTML 模板的变量赋值，以字典格式表示，默认情况下是一个空字典。
- content_type：响应数据的数据格式，一般情况下使用默认值即可。
- status：HTTP 状态码，默认为 200。
- using：设置 HTML 模板转换生成 HTML 网页的模板引擎。

如果想要将数据库的数据展现在网页上，需要由视图、模型和模板共同实现，实现步骤如下：

步骤 01　定义数据模型，以类的方式定义数据表的字段。在数据库创建数据表时，数据表由模型中定义的类生成。

步骤 02　在视图中导入模型所定义的类，该类也称为数据表对象，Django 为数据表对象提供独有的数据操作方法，可以实现数据库操作，从而获取数据表的数据。

步骤 03　视图函数获取数据后，将数据以字典、列表或对象的方式传递给 HTML 模板，并由模板引擎接收和解析，最后生成相应的 HTML 网页。

用户的请求信息都存放在视图函数的参数 request 中，其中属性 GET、POST 和 method 是每个 Web 开发人员必须掌握的基本属性，属性 GET 和 POST 用于获取用户的请求参数，属性 method 用于获取用户的请求方式。

通用视图是通过定义和声明类的形式实现的，根据用途划分三大类：TemplateView、ListView 和 DetailView。三者说明如下：

- TemplateView 直接返回 HTML 模板，但无法将数据库的数据展示出来。
- ListView 能将数据库的数据传递给 HTML 模板，通常获取某个表的所有数据。
- DetailView 能将数据库的数据传递给 HTML 模板，通常获取数据表的单条数据。

第 5 章

深入模板

Django 作为 Web 框架,需要一种很便利的方法去动态地生成 HTML 网页,因此有了模板这个概念。模板包含所需 HTML 的部分代码以及一些特殊的语法,特殊的语法用于描述如何将数据动态插入 HTML 网页中。

Django 可以配置一个或多个模板引擎(甚至是 0,如果不需要使用模板),模板系统有 Django 模板语言(Django Template Language,DTL)和 Jinja2。Django 模板语言是 Django 内置的模板语言,Jinja2 是当前 Python 最流行的模板语言。本书主要以 Django 内置的模板语言为讲述内容,模板配置可在 2.3 节查看。

5.1 变量与标签

变量是模板中最基本的组成单位,模板变量是由视图函数生成的。如果变量没有被视图函数生成,那么模板引擎解析 HTML 时,模板变量不会显示在网页上。变量以 {{

variable }} 表示，variable 是变量名，变量的类型可以是 Python 支持的数据类型，使用方法如下：

```
# variable 为字符串类型或整型，如 variable = "Python"
{{ variable }}
# 输出 Python

# variable 为字典或数据对象，通过点号（.）来访问其属性值
# 如 variable = {"name": "Lily", "info": {"home": "BeiJing", "homeplace": "ShangHai"}}
{{ variable.name }}
# 输出 Lily
{{ variable.info.home }}
# 输出 BeiJing
```

以 MyDjango 为例，抽取模板 index.html 的部分代码，代码如下：

```
<head>
    <title>{{ title }}</title>
    <meta charset="utf-8">
    {% load staticfiles %}
    <link rel="stylesheet" type="text/css" href="{% static "css/hw_index.css" %}" >
    <link rel="icon" href="{% static "img/hw.ico" %}">
    <script src="{% static "js/hw_index.js" %}"></script>
</head>

<ul id="cate_box" class="lf">
{% for type in type_list %}
<li>
    <h3><a href="#">{{ type.type }}</a></h3>
    <p>
        {% for name in name_list %}
            {% if name.type == type.type %}
                <span>{{ name.name }}</span>
            {% endif %}
        {% endfor %}
    </p>
</li>
{% endfor %}
</ul>
```

上述代码分别使用模板的变量和标签，代码说明如下：

- {{ title }} 代表模板变量，从变量名 title 可以知道，变量的数据类型是字符串类型或整型。

59

- {% load staticfiles %} 是模板的内置标签，load 标签用于导入静态资源信息。
- {% static "css/hw_index.css" %} 是模板是内置标签，static 标签用于读取静态资源的文件内容。
- {% for type in type_list %} 是 for 遍历标签，将变量进行遍历输出。
- {% if name.type == type.type %} 是 if 判断标签，主要对变量进行判断处理。
- {{ type.type }} 代表变量 type_list 的某个属性。

从上面的例子可以看到，模板的变量需要和标签相互结合使用。模板的标签就如 Python 里面的函数和方法，Django 常用的内置标签说明如表 5-1 所示

表5-2 Django常用内置标签

标签	描述
{% for %}	遍历输出变量的内容，变量类型应为列表或数据对象
{% if %}	对变量进行条件判断
{% csrf_token %}	生成csrf_token的标签，用于防护跨站请求伪造攻击
{% url %}	引用路由配置的地址，生成相应的URL地址
{% with %}	将变量名重新命名
{% load %}	加载导入Django的标签库
{% static %}	读取静态资源的文件内容
{% extends xxx %}	模板继承，xxx为模板文件名，使当前模板继承xxx模板
{% block xxx %}	重写父类模板的代码

在上述常用标签中，每个标签的使用方法都是各不相同的。我们通过简单的例子来进一步了解标签的使用方法，代码如下：

```
# for 标签，支持嵌套，myList 可以是列表或某个对象
# item 可自定义命名，{% endfor %} 代表循环区域终止符，代表这个区域的代码由标签 for 循环输出
{% for item in myList %}
{{ item }}
{% endfor %}

# if 标签，支持嵌套，判断条件符必须与变量之间使用空格隔开，否则程序会抛出异常
# {% endif %} 与 {% endfor %} 的作用是相同的
{% if name == "Lily" %}
{{ name }}
{% elif name == "Lucy" %}
{{ name }}
{% else %}
{{ name }}
{% endif %}
```

```
# url 标签
# 生成不带变量的 URL 地址
# 相关的路由地址：path('', views.index, name='index')
# 字符串 index 是 URL 的参数 name 的值
<a href="{% url 'index' %}" target="_blank">首页 </a>
# 生成带变量的 URL 地址
# 相关的路由地址：path('search/<int:page>.html', views.search, name='search')
# 字符串 search 是 URL 的参数 name 的值，1 是 URL 的变量 page 的值
<a href="{% url 'search' 1 %}" target="_blank">第 1 页 </a>

# total 标签
{% with total = products_total %}
{{ total }}
{% endwith %}

# load 标签，导入静态文件标签库 staticfiles, staticfiles 来自 settings.py 的 INSTALLED_APPS
{% load staticfiles %}

# static 标签，来自静态文件标签库 staticfiles
{% static "css/hw_index.css" %}
```

在 for 标签中，模板还提供一些特殊的变量来获取 for 标签的循环信息，变量说明如表 5-2 所示。

表5-2 for标签模板变量说明

变量	描述
forloop.counter	获取当前循环的索引，从1开始计算
forloop.counter0	获取当前循环的索引，从0开始计算
forloop.revcounter	索引从最大数开始递减，直到索引到1位置
forloop.revcounter0	索引从最大数开始递减，直到索引到0位置
forloop.first	当遍历的元素为第一项时为真
forloop.last	当遍历的元素为最后一项时为真
forloop.parentloop	在嵌套的 for 循环中，获取上层 for 循环的 forloop

上述变量来自于 forloop 对象，该对象是模板引擎解析 for 标签时所生成的。我们通过简单的例子来进一步了解 forloop 的使用，例子如下：

```
{% for name in name_list %}
{% if forloop.counter == 1 %}
    <span>这是第一次循环 </span>
{% elif forloop.last %}
```

```
        <span>这是最后一次循环</span>
{% else %}
        <span>本次循环次数为：{{ forloop.counter }}</span>
{% endif %}
{% endfor %}
```

5.2 模板继承

模板继承是通过模板标签来实现的，其作用是将多个 HTML 模板的共同代码集中在一个新的 HTML 模板中，然后各个模板可以直接调用新的 HTML 模板，从而生成 HTML 网页，这样可以减少模板之间重复的代码。其代码如下：

```
<!DOCTYPE html>
<html>
<head>
<meta charset="UTF-8">
<title>{{ title }}</title>
</head>
<body>
    <a href="{% url 'index' %}" target="_blank">首页</a>
    <h1>Hello Django</h1>
</body>
</html>
```

上述代码是一个完整的 HTML 模板，一个完整的模板有 <head> 和 <body> 两大部分，其中 <head> 部分在大多数情况下都是相同的，因此可以将 <head> 部分写到共用模板中，将共用模板命名为 base.html，代码如下：

```
<!DOCTYPE html>
<html>
<head>
<meta charset="UTF-8">
<title>{{ title }}</title>
</head>
<body>
{% block body %}{% endblock %}
</body>
</html>
```

在 base.html 的代码中可以看到，<body> 里的内容变为 {% block body %}{% endblock %}，block 标签相当于一个函数，body 是对该函数的命名，开发者可自行命名。在一个模板中可以添加多个 block 标签，只要每个 block 标签的命名不相同即可。

接着在模板 index.html 中调用共用模板 base.html，代码如下：

```
{% extends "base.html" %}
{% block body %}
<a href="{% url 'index' %}" target="_blank"> 首页 </a>
<h1>Hello Django</h1>
{% endblock %}
```

模板 index.html 调用共用模板 base.html 的实质是由模板继承实现的，调用步骤如下：

步骤 01 在模板 index.html 中使用 {% extends "base.html" %} 来继承模板 base.html 的代码。

步骤 02 由标签 {% block body %} 在继承模板的基础上实现自定义模板的内容。

步骤 03 由 {% endblock %} 结束 block 标签。

从 index.html 看到，模板继承与 Python 的类继承的原理是一致的，通过继承的方式使其具有父类的功能和属性，然后以重写的方式实现各种开发需求。

5.3 自定义过滤器

过滤器主要是对变量的内容进行处理，如替换、反序和转义等。通过过滤器处理变量可以将变量的数据格式和内容转化为我们想要的效果，而且相应减少视图函数的代码量。过滤器的使用方法如下：

```
{{ variable | filter }}
```

模板引擎解析带过滤器的变量时，首先过滤器 filter 处理变量 variable，然后将处理后的变量显示在网页上。其中，variable 代表模板变量，管道符号 "|" 代表变量使用过滤器，filter 代表某个过滤器。变量可以支持多个过滤器同时使用，例如下：

```
{{ variable | filter | lower }}
```

在使用的过程中，有些过滤器还可以传入参数，但仅支持一个参数的传入。带参过滤器的使用方法如下：

```
{{ variable | date:"D d M Y"}}
```

Django 为开发者提供内置过滤器，如表 5-3 所示。

表5-3 Django的内置过滤器

内置过滤器	使用形式	说明
add	{{ value | add: "2"}}	将value的值增加2
addslashes	{{ value | addslashes }}	在value中的引号前增加反斜线
capfirst	{{ value | capfirst }}	value的第一个字符转化成大写形式
cut	{{ value | cut:arg}}	从value中删除所有arg的值。如果value是"String with spaces"，arg是" "，那么输出的是"Stringwithspaces
date	{{ value | date:"D d M Y" }}	将日期格式数据按照给定的格式输出
default	{{ value | default: "nothing" }}	如果value的意义是False，那么输出值为过滤器设定的默认值
default_if_none	{{ value | default_if_none:"nothing"}}	如果value的意义是None，那么输出值为过滤器设定的默认值
dictsort	{{ value | dictsort:"name"}}	如果value的值是一个列表，里面的元素是字典，那么返回值按照每个字典的关键字排序
dictsortreversed	{{ value | dictsortreversed:"name"}}	如果value的值是一个列表，里面的元素是字典，每个字典的关键字反序排行
divisibleby	{{ value | divisibleby:arg}}	如果value能够被arg整除，那么返回值将是True
escape	{{ value | escape}}	控制HTML转义，替换value中的某些HTML特殊字符
escapejs	{{ value | escapejs }}	替换value中的某些字符，以适应JavaScript和JSON格式
filesizeformat	{{ value | filesizeformat }}	格式化value，使其成为易读的文件大小，例如13KB、4.1MB等
first	{{ value | first }}	返回列表中的第一个Item，例如，如果value是列表['a','b','c']，那么输出将是'a'
floatformat	{{ value | floatformat}} 或 {{value|floatformat:arg}}	对数据进行四舍五入处理，参数arg是保留小数位，可以是正数或负数，如{{ value|floatformat:"2" }}是保留两位小数。若无参数arg，默认保留1位小数，如{{ value|floatformat}}
get_digit	{{ value | get_digit:"arg"}}	如果value是123456789，arg是2，那么输出的是8
iriencode	{{value | iriencode}}	如果value中有非ASCII字符，那么将其转化成URL中适合的编码
join	{{ value | join:"arg"}}	使用指定的字符串连接一个list，作用如同Python的str.join(list)
last	{{ value | last }}	返回列表中的最后一个Item
length	{{ value | length }}	返回value的长度

（续表）

内置过滤器	使用形式	说明
length_is	{{ value | length_is:"arg"}}	如果value的长度等于arg，例如：value是['a','b','c']，arg是3，那么返回True
linebreaks	{{value|linebreaks}}	value中的"\n"将被 替代，并且将整个value使用<p>包围起来，从而适合HTML的格式
linebreaksbr	{{value |linebreaksbr}}	value中的"\n"将被 替代
linenumbers	{{value | linenumbers}}	为显示的文本添加行数
ljust	{{value | ljust}}	以左对齐方式显示value
center	{{value | center}}	以居中对齐方式显示value
rjust	{{value | rjust}}	以右对齐方式显示value
lower	{{value | lower}}	将一个字符串转换成小写形式
make_list	{{value | make_list}}	将value转换成list。例如value是Joel，输出[u'J',u'o',u'e',u'l']；如果value是123，那么输出是[1,2,3]
pluralize	{{value | pluralize}}或 {{value | pluralize:"es"}}或 {{value | pluralize:"y,ies}}	将value返回英文复数形式
random	{{value | random}}	从给定的list中返回一个任意的Item
removetags	{{value | removetags:"tag1 tag2 tag3..."}}	删除value中tag1,tag2…的标签
safe	{{value | safe}}	关闭HTML转义，告诉Django这段代码是安全的，不必转义
safeseq	{{value | safeseq }}	与上述safe基本相同，但有一点不同：safe针对字符串，而safeseq针对多个字符串组成的sequence
slice	{{some_list | slice:":2"}}	与Python语法中的slice相同，":2" 表示截取前两个字符，此过滤器可用于中文或英文
slugify	{{value | slugify}}	将value转换成小写形式，同时删除所有分单词字符，并将空格变成横线。例如：value是Joel is a slug，那么输出的将是joel-is-a-slug
striptags	{{value | striptags}}	删除value中的所有HTML标签
time	{{value | time:" H:i" }}或 {{value | time}}	格式化时间输出，如果time后面没有格式化参数，那么输出按照默认设置的进行
truncatewords	{{value | truncatewords:2}}	将value进行单词截取处理，参数2代表截取前两个单词，此过滤器只可用于英文截取。如value是Joel is a slug 那么输出将是：Joel is

(续表)

内置过滤器	使用形式	说明
upper	{{value | upper}}	转换一个字符串为大写形式
urlencode	{{value | urlencode}}	将字符串进行URLEncode处理
urlize	{{ value | urlize }}	将一个字符串中的URL转化成可点击的形式。如果value是Check out www.baidu.com，那么输出的将是：Check out <a href="http://www.baidu.com">www.baidu.com</a>
wordcount	{{ value | wordcount}}	返回字符串中单词的数目
wordwrap	{{value | wordwrap:5}}	按照指定长度的分割字符串
timesince	{{value | timesince:arg}}	返回参数arg到value的天数和小时数。如果 arg是一个日期实例，表示2006-06-01午夜，而value表示2006-06-01早上8点，那么输出结果返回"8 hours"
timeuntil	{{value | timeuntil}}	返回value距离当前日期的天数和小时数

在实际开发中，如果内置过滤器的功能不太适合实际开发需求，我们可以通过自定义过滤器来解决问题。首先在MyDjango中添加文件和文件夹，如图5-1所示。

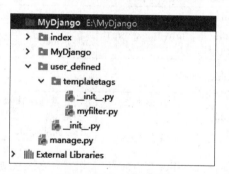

图5-1 项目目录结构

从图5-1中看到，在MyDjango项目中添加了user_defined文件夹，在其文件夹下又分别添加了templatetags文件夹和__init__.py文件。templatetags用于存放自定义过滤器的代码文件，该文件夹也可以存放在项目的App中，但必须注意的是，文件夹的命名必须为templatetags，否则Django在运行的时候无法识别自定义过滤器。最后在templatetags文件夹下创建myfilter.py文件，该文件是编写自定义过滤器的实现代码。

完成过滤器的目录搭建，接着是配置过滤器的信息，在配置文件settings.py的INSTALLED_APPS里面添加user_defined。当项目启动时，Django会从INSTALLED_

APPS 的配置中查找过滤器，若过滤器设置在 index 的目录下，则只需在 INSTALLED_APPS 中配置 index 即可，如图 5-2 所示。

```
INSTALLED_APPS = [
    'django.contrib.admin',
    'django.contrib.auth',
    'django.contrib.contenttypes',
    'django.contrib.sessions',
    'django.contrib.messages',
    'django.contrib.staticfiles',
    'index',
    'user_defined',
]
```

图 5-2 INSTALLED_APPS 配置信息

完成上述两个环境配置后，下一步是编写自定义过滤器的实现代码，在 myfilter.py 中添加以下代码：

```
from django import template
# 声明一个模板对象，也称为注册过滤器
register = template.Library()
# 声明并定义过滤器
@register.filter
def myreplace(value, agrs):
    oldValue = agrs.split(':')[0]
    newValue = agrs.split(':')[1]
    return value.replace(oldValue, newValue)
```

上述代码用于实现 HTML 模板的字符串替换功能，与 Python 的 replace 函数相同，过滤器说明如下：

- 首先导入模板功能 template，通过 template 声明 Library 对象，将对象赋值给变量 register，这一过程称为注册过滤器。
- 过滤器以函数的形式实现，在函数前使用 register.filter 装饰器来表示该函数是一个过滤器，函数名可自行命名。
- 函数参数可设置一个或两个，如上述的参数分别是 value 和 agrs，参数 value 是 HTML 模板的变量，参数 agrs 是过滤器函数定义的函数参数。
- 过滤器函数最后必须将处理结果返回，否则在使用过程中会出现异常信息。

最后在 HTML 模板中使用我们自定义的过滤器，以 index.html 模板的 title 为例，代码如下：

```
{% load myfilter %}
<!DOCTYPE html>
<html>
<head>
    <title>{{ title|myreplace:'首页:我的首页' }}</title>
    <meta charset="utf-8">
    {% load staticfiles %}
    <link rel="stylesheet" type="text/css" href="{% static "css/hw_index.css" %}" >
    <link rel="icon" href="{% static "img/hw.ico" %}">
    <script src="{% static "js/hw_index.js" %}"></script>
</head>
```

在 HTML 模板中使用自定义的过滤器可以分为两大步骤，说明如下：

- {% load myfilter %} 用于导入 templatetags 文件夹的 myfilter.py 文件中所定义的功能，用来告诉 Django 在哪个地方可以找到自定义过滤器。
- {{ title|myreplace:'首页:我的首页' }} 把变量 title 含有"首页"的内容替换成"我的首页"。其中，myreplace 是过滤器的函数名，"首页:我的首页"是函数参数 agrs 的值，函数参数 value 的值为模板变量 title 的值。运行结果如图 5-3 所示。

图 5-3 运行结果

5.4 本章小结

Django 作为 Web 框架，需要一种很便利的方法去动态地生成 HTML 网页，因此有了模板这个概念。模板包含所需 HTML 的部分代码以及一些特殊的语法，特殊的语法用于描述如何将数据动态插入 HTML 网页中。

模板语言主要在 HTML 文件中编写，大概分为三类：变量、标签和过滤器。三者说明如下：

- 变量是将视图函数传递的数据作用在模板文件上，通过模板引擎将数据转换并生成 HTML 网页。
- 标签可以理解为代码编程里面的函数功能，常用的标签有控制循环、条件判断和模板继承等。
- 过滤器主要是对变量的数据进行处理，如替换、反序和转义等。

模板继承与 Python 的类继承的原理是一致的，通过继承的方式使其具有父类的功能和属性，然后以重写的方式实现各种开发需求。模板继承的实现步骤如下：

步骤01 在模板 index.html 中使用 {% extends "base.html" %} 来继承模板 base.html 的代码。

步骤02 由标签 {% block body %} 在继承模板的基础上实现自定义模板的内容。

步骤03 由 {% endblock %} 结束 block 标签。

过滤器主要是对变量的内容进行处理，如替换、反序和转义等。通过过滤器处理变量可以将变量的数据格式和内容转化为我们想要的效果，而且相应减少视图函数的代码量。过滤器的使用方法如下：

```
{{ variable | filter }}
```

模板引擎解析带过滤器的变量时，首先过滤器 filter 处理变量 variable，然后将处理后的变量显示在网页上。其中，variable 代表模板变量，管道符号"|"代表变量使用过滤器，filter 代表某个过滤器。变量可以支持多个过滤器同时使用，例如：

```
{{ variable | filter | lower}}
```

在使用的过程中，有些过滤器还可以传入参数，但仅支持一个参数的传入。带参过滤器的使用方法如下：

```
{{ variable | date:"D d M Y"}}
```

若
第 6 章

模型与数据库

Django 对各种数据库提供了很好的支持,包括:PostgreSQL、MySQL、SQLite 和 Oracle,而且为这些数据库提供了统一的调用 API,这些 API 统称为 ORM 框架。通过使用 Django 内置的 ORM 框架可以实现数据库连接和读写操作。

6.1 构建模型

ORM 框架是一种程序技术,用于实现面向对象编程语言中不同类型系统的数据之间的转换。从效果上说,其实是创建了一个可在编程语言中使用的"虚拟对象数据库",通过对虚拟对象数据库操作从而实现对目标数据库的操作,虚拟对象数据库与目标数据库是相互对应的。在 Django 中,虚拟对象数据库也称为模型。通过模型实现对目标数据库的读写操作,实现方法如下:

第 6 章 模型与数据库

（1）配置目标数据库信息，主要在 settings.py 中设置数据库信息，具体配置步骤可查看 2.4 节。

（2）构建虚拟对象数据库，在 App 的 models.py 文件中以类的形式定义模型。

（3）通过模型在目标数据库中创建相应的数据表。

（4）在视图函数中通过对模型操作实现目标数据库的读写操作。

本节主要讲述如何构建模型并通过模型在目标数据库中生成相应的数据表。在此之前，读者可回到 2.4 节查看如何配置目标数据库信息。以 MyDjango 项目为例，其配置信息如下：

```
# MyDjango 项目的 settings.py 文件的 DATABASES 配置信息
DATABASES = {
    'default': {
        'ENGINE': 'django.db.backends.mysql',
        'NAME': 'mydjango',
        'USER': 'root',
        'PASSWORD': '1234',
        'HOST': '127.0.0.1',
        'PORT': '3306',
    },
}
```

我们使用 Navicat Premium 数据库管理工具（Navicat Premium 是一个可视化数据库管理工具，读者可自行在网上搜索该工具并安装使用）查看当前 mydjango 数据库的信息，如图 6-1 所示。

图 6-1 数据库信息

从图 6-1 中可以看到，mydjango 数据库当前没有数据表，而数据表只能通过模型创建，因为 Django 对模型和目标数据库之间有自身的映射规则，如果自己在数据库中创建数据表，可能不一定符合 Django 的建表规则，从而导致模型和目标数据库无法建立通信联系。大概了解项目的环境后，在项目 index 的 models.py 文件中定义模型，代码如下：

```python
from django.db import models
# Create your models here.
# 创建产品分类表
class Type(models.Model):
    id = models.AutoField(primary_key=True)
    type_name = models.CharField(max_length=20)
# 创建产品信息表
class Product(models.Model):
    id = models.AutoField(primary_key=True)
    name = models.CharField(max_length=50)
    weight = models.CharField(max_length=20)
    size = models.CharField(max_length=20)
    type = models.ForeignKey(Type, on_delete=models.CASCADE)
```

上述代码分别定义了模型 Type 和 Product，定义说明如下：

- 模型以类的形式进行定义，并且继承 Django 的 models.Model 类。一个类代表目标数据库的一张数据表，类的命名一般以首字母大写开头。
- 模型的字段以类属性进行定义，如 id = models.IntegerField(primary_key=True) 代表在数据表 Type 中命名一个名为 id 的字段，该字段的数据类型为整型并设置为主键。

完成模型的定义后，接着在目标数据库中创建相应的数据表，在目标数据库中创建表是通过 Django 的管理工具 manage.py 完成的，创建表的指令如下：

```
# 根据 models.py 内容生成相关的 py 文件，该文件用于创建数据表
E:\MyDjango>python manage.py makemigrations
Migrations for 'index':
  index\migrations\0001_initial.py
    - Create model Product
    - Create model Type
    - Add field type to product
# 创建数据表
E:\MyDjango>python manage.py migrate
```

在目标数据库中创建数据表需要执行两次指令，分别是 makemigrations 和 migrate 指令。创建过程说明如下：

makemigrations 指令用于将 index 所定义的模型生成 0001_initial.py 文件，该文件存放在 index 的 migrations 文件夹，打开查看 0001_initial.py 文件，其文件内容如图 6-2 所示。

```python
from django.db import migrations, models
import django.db.models.deletion

class Migration(migrations.Migration):
    initial = True
    dependencies = [
    ]
    operations = [
        migrations.CreateModel(
            name='Product',
            fields=[
                ('id', models.IntegerField(primary_key=True, serialize=False)),
                ('name', models.CharField(max_length=50)),
                ('weight', models.IntegerField()),
                ('size', models.CharField(max_length=20)),
            ],
        ),
        migrations.CreateModel(
            name='Type',
            fields=[
                ('id', models.IntegerField(primary_key=True, serialize=False)),
                ('type', models.CharField(max_length=20)),
            ],
        ),
        migrations.AddField(
            model_name='product',
            name='type',
            field=models.ForeignKey(on_delete=django.db.models.deletion.CASCADE, to='index.Type'),
        ),
    ]
```

图 6-2 0001_initial.py 文件内容

0001_initial.py 文件将 models.py 的内容生成数据表的脚本代码。而 migrate 指令根据脚本代码在目标数据库中生成相对应的数据表。指令运行完成后，可在数据库看到已创建的数据表，如图 6-3 所示。

图 6-3 已创建的数据表

从图 6-3 中看到，数据表 index_product 和 index_type 是由 index 的模型所创建的，分别对应模型 Product 和 Type。其他数据表是 Django 内置功能所使用的数据表，分别是会话 session、用户认证管理和 Admin 日志记录等。

在上述例子中，我们创建了数据表 index_product 和 index_type，而表字段是在模型中定义的，在模型 Type 和 Product 中定义的字段类型有整型和字符串类型，但在实际开发中，我们需要定义不同的数据类型来满足各种需求，因此 Django 划分了多种不同的数据类型，如表 6-1 所示。

表6-1 表字段数据类型及说明

表字段	说明
models.AutoField	默认会生成一个名为id的字段并为int类型
models.CharField	字符串类型
models.BooleanField	布尔类型
models.ComaSeparatedIntegerField	用逗号分割的整数类型
models.DateField	日期（date）类型
models.DateTimeField	日期（datetime）类型
models.Decimal	十进制小数类型
models.EmailField	字符串类型（正则表达式邮箱）
models.FloatField	浮点类型
models.IntegerField	整数类型
models.BigIntegerField	长整数类型
models.IPAddressField	字符串类型（IPv4正则表达式）
models.GenericIPAddressField	字符串类型，参数protocol可以是：both、IPv4和ipv6，验证IP地址
models.NullBooleanField	允许为空的布尔类型
models.PositiveIntegerFiel	正整数的整数类型
models.PositiveSmallIntegerField	小正整数类型
models.SlugField	包含字母、数字、下画线和连字符的字符串，常用于URL
models.SmallIntegerField	小整数类型，取值范围（-32,768~+32,767）
models.TextField	长文本类型
models.TimeField	时间类型，显示时分秒HH:MM[:ss[.uuuuuu]]
models.URLField	字符串，地址为正则表达式
models.BinaryField	二进制数据类型

从表6-1中可以看到，Django提供的字段类型还会对数据进行正则处理和验证功能等，进一步完善了数据的严谨性。除了表字段类型之外，每个表字段还可以设置相应的参数，使得表字段更加完善。字段参数说明如表6-2所示。

表6-2 表字段参数及说明

参数	说明
Null	如为True，该字段的数值可以为空
Blank	如为True，设置在Admin站点管理中添加数据时可允许空值
Default	设置默认值
primary_key	如为True，将字段设置成主键
db_column	设置数据库中的字段名称
Unique	如为True，将字段设置成唯一属性，默认为False
db_index	如为True，为字段添加数据库索引

（续表）

参数	说明
verbose_name	在Admin站点管理设置字段的显示名称
related_name	关联对象反向引用描述符，用于多表查询，可解决一个数据表有两个外键同时指向另一个数据表而出现重名的问题

6.2 数据表的关系

一个模型对应目标数据库的一个数据表，但我们知道，每个数据表之间是可以存在关联，表与表之间有三种关系：一对一、一对多和多对多。

一对一存在于在两个数据表中，第一个表的某一行数据只与第二个表的某一行数据相关，同时第二个表的某一行数据也只与第一个表的某一行数据相关，这种表关系被称为一对一关系，以表6-3和表6-4为例进行说明。

表6-3 一对一关系的第一个表

ID	姓名	国籍	参加节目
1001	王大锤	中国	万万没想到
1002	全智贤	韩国	蓝色大海的传说
1003	刀锋女王	未知	计划生育

表6-4 一对一关系的第二个表

ID	出生日期	逝世日期
1001	1988	NULL
1002	1981	NULL
1003	未知	3XXX

在上述两个表中，表6-3和表6-4的字段ID分别是一一对应的，并且不会在同一表中有重复ID，使用这种关系通常是一个数据表有太多字段，将常用的字段抽取出来并组成一个新的数据表。在模型中可以通过OneToOneField来构建数据表的一对一关系，代码如下：

```
# 一对一关系
class Performer(models.Model):
    id = models.IntegerField(primary_key=True)
    name = models.CharField(max_length=20)
    nationality = models.CharField(max_length=20)
```

```
    masterpiece = models.CharField(max_length=50)

class Performer_info(models.Model):
    id = models.IntegerField(primary_key=True)
    performer = models.OneToOneField(Performer, on_delete=models.CASCADE)
    birth = models.CharField(max_length=20)
    elapse = models.CharField(max_length=20)
```

使用 Django 的管理工具 manage.py 创建数据表 Performer 和 Performer_info，创建数据表前最好先删除 0001_initial.py 文件并清空数据库里的数据表。数据表的表关系如图 6-4 所示。

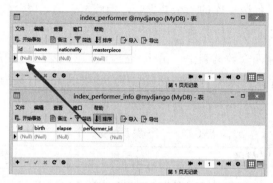

图 6-4 一对一关系

一对多存在于两个或两个以上的数据表中，第一个表的数据可以与第二个表的一到多行数据进行关联，但是第二个表的每一行数据只能与第一个表的某一行进行关联，以表 6-5 和表 6-6 为例进行说明。

表6-5 一对一多关系的第一个表

ID	姓名	国籍
1001	王大锤	中国
1002	全智贤	韩国
1003	刀锋女王	未知

表6-6 一对一多关系的第二个表

ID	节目
1001	万万没想到
1001	报告老板
1003	星际2
1003	英雄联盟

在上面的表 6-6 中，字段 ID 的数据可以重复并且在表 6-5 中找到对应的数据，而表 1 的字段 ID 是唯一的，这是一种最为常见的表关系。在模型中可以通过 ForeignKey 来构建数据表的一对多关系，代码如下：

```python
# 一对多关系
class Performer(models.Model):
    id = models.IntegerField(primary_key=True)
    name = models.CharField(max_length=20)
    nationality = models.CharField(max_length=20)

class Program(models.Model):
    id = models.IntegerField(primary_key=True)
    performer = models.ForeignKey(Performer, on_delete=models.CASCADE)
    name = models.CharField(max_length=20)
```

使用 Django 的管理工具 manage.py 创建数据表 Performer 和 Program，创建数据表前最好先删除 0001_initial.py 文件并清空数据库里的数据表。数据表的表关系如图 6-5 所示。

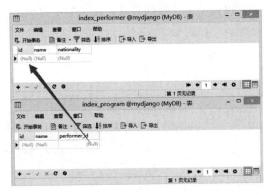

图 6-5 一对多关系

多对多存在于在两个或两个以上的数据表中，第一个表的某一行数据可以与第二个表的一到多行数据进行关联，同时在第二个表中的某一行数据也可以与第一个表的一到多行数据进行关联，以表 6-7 和表 6-9 为例进行说明。

表6-7 多对多关系的第一个表

ID	姓名	国籍
1001	王大锤	中国
1002	全智贤	韩国
1003	刀锋女王	未知

表6-8 多对多关系的第二个表

ID	节目
10001	万万没想到
10002	报告老板
10003	星际2
10004	英雄联盟

表6-9 两个表的数据关系

ID	节目ID	演员ID
1	10001	1001
2	10001	1002
3	10002	1001

从上面的三个数据表中可以发现，一个演员可以参加多个节目，而一个节目也可以由多个演员来共同演出。每个表的字段 ID 都是唯一的，在表 6-9 中可以发现，节目 ID 和演员 ID 出现了重复的数据，分别对应表 6-8 和表 6-7 的字段 ID，多对多关系需要使用新的数据表来管理两个表的数据关系。在模型中可以通过 ManyToManyField 来构建数据表多的对多关系，代码如下：

```
# 多对多
class Performer(models.Model):
    id = models.IntegerField(primary_key=True)
    name = models.CharField(max_length=20)
    nationality = models.CharField(max_length=20)

class Program(models.Model):
    id = models.IntegerField(primary_key=True)
    name = models.CharField(max_length=20)
    performer = models.ManyToManyField(Performer)
```

Django 创建多对多关系的时候只需定义两个数据库对象，在创建目标数据表的时候会自动生成三个数据表来建立多对多关系，如图 6-6 所示。

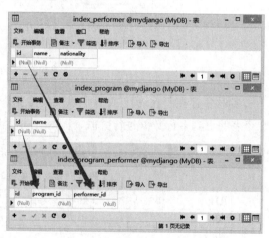

图 6-6 多对多关系

6.3 数据表的读写

前两节主要通过对模型的定义来构建目标数据库的数据表,而本节主要通过模型的操作来实现目标数据库的读写操作。数据库的读写操作主要对数据进行增、删、改、查。以 6.1 节的数据表 index_type 和 index_product 为例,分别在两个数据表中添加如图 6-7 和图 6-8 所示的数据。

图 6-7 表 index_type 中的数据信息

图 6-8 表 index_product 中的数据信息

为了更好地演示数据库的读写操作,在 MyDjango 项目中使用 shell 模式(启动命令行和执行脚本)进行讲述,该模式主要为方便开发人员开发和调试程序。在 PyCharm 的 Terminal 下开启 shell 模式,输入 python manage.py shell 指令即可开启,如图 6-9 所示。

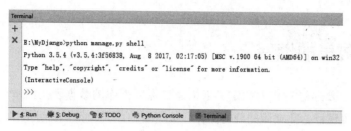

图 6-9 启动 shell 模式

在 shell 模式下，若想对数据表 index_product 插入数据，则可输入以下代码实现：

```
>>> from index.models import *
>>> p = Product()
>>> p.name = '荣耀V9'
>>> p.weight = '111g'
>>> p.size = '120*75*7mm'
>>> p.type_id = 1
>>> p.save()
```

通过对模型 Product 进行操作实现数据表 index_product 的数据插入，插入方式如下：

步骤 01 从 models.py 中导入模型 Product。

步骤 02 对模型 Product 声明并实例化，生成对象 p。

步骤 03 对对象 p 的属性进行逐一赋值，对象 p 的属性来自于模型 Product 所定义的字段。完成赋值后需要对 p 进行保存才能作用在目标数据库。

需要注意的是，模型 Product 的外键命名为 type，但在目标数据库中变为 type_id，因此对对象 p 进行赋值的时候，外键的赋值应以目标数据库的字段名为准。

上述代码运行结束后，可以在数据库中查看数据的插入情况，如图 6-10 所示。

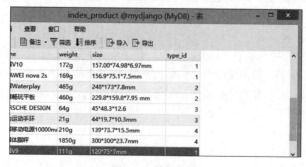

图 6-10 数据入库

第 6 章 模型与数据库

除了上述方法外，数据的插入还有以下两种方式，代码如下：

```
# 方法一
# 通过 Django 的 ORM 框架提供的 API 实现，使用 create 方法实现数据插入
>>> Product.objects.create(name='荣耀V9',weight='111g',size='120*75*7mm',type_id=1)
# 方法二
# 在实例化时直接设置属性值
>>> p = Product(name='荣耀V9',weight='111g',size='120*75*7mm',type_id=1)
>>> p.save()
```

如果想对现有的数据进行更新，实现步骤与数据插入的方法大致相同，唯一的区别是在模型实例化之后，要更新数据，需要先进行一次数据查询，将查询结果以对象的形式赋给 p，最后对 p 的属性重新赋值就能实现数据的更新，代码如下：

```
>>> p = Product.objects.get(id=9)
>>> p.name = '华为荣耀V9'
>>> p.save()
```

上述代码运行结束后，可以在数据库中查看数据更新的情况，如图 6-11 所示。

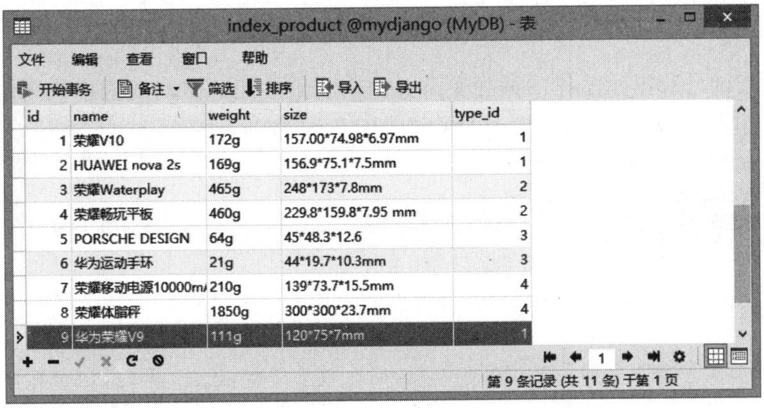

图 6-11 数据更新

除此之外，还可以使用 update 方法实现数据的更新，使用方法如下：

```
# 通过 Django 的 ORM 框架提供的 API 实现
# 更新多条数据，查询条件 filter 以列表格式返回，查询结果可能是一条或多条数据
Product.objects.filter(name='荣耀V9').update(name='华为荣耀V9')
# 全表数据更新，不使用查询条件，默认对全表的数据进行更新
Product.objects.update(name='华为荣耀V9')
```

如果要对数据进行删除处理，有三种方式：删除表中全部数据、删除一条数据和删除多条数据。实现三种删除方式的代码如下：

```
# 删除表中全部数据
Product.objects.all().delete()
# 删除一条 id 为 1 的数据
Product.objects.get(id=1).delete()
# 删除多条数据
Product.objects.filter(name='华为荣耀V9').delete()
```

数据删除由 ORM 框架的 delete 方法实现。从数据的删除和更新可以看到这两种数据操作都使用查询条件 get 和 filter，查询条件 get 和 filter 的区别如下。

- 查询条件 get：查询字段必须是主键或者唯一约束的字段，并且查询的数据必须存在，如果查询的字段有重复值或者查询的数据不存在，程序都会抛出异常信息。

- 查询条件 filter：查询字段没有限制，只要该字段是数据表的某一字段即可。查询结果以列表的形式返回，如果查询结果为空（查询的数据在数据库中找不到），就返回空列表。

数据查询是数据库操作中最为复杂并且内容最多的部分，我们以代码的形式来讲述如何通过 ORM 框架提供的 API 实现数据查询，代码如下：

```
>>> from index.models import *
# 全表查询，等同于 SQL 语句 Select * from index_product，数据以列表形式返回
>>> p = Product.objects.all()
>>> p[1].name
'HUAWEI nova 2s'

# 查询前 5 条数据，等同于 SQL 语句 Select * from index_product LIMIT 5
# SQL 语句里面的 LIMIT 方法，在 Django 中使用 Python 的列表截取分解即可实现
>>> p = Product.objects.all()[:5]

# 查询某个字段，等同于 SQL 语句 Select name from index_product
# values 方法，以列表形式返回数据，列表元素以字典格式表示
>>> p = Product.objects.values('name')
>>> p[1]['name']
'HUAWEI nova 2s'

# values_list 方法，以列表表示返回数据，列表元素以元组格式表示
>>> p = Product.objects.values_list('name')[:3]
>>> p
```

```
<QuerySet [('荣耀V10',), ('HUAWEI nova 2s',), ('荣耀Waterplay',)]>

# 使用get方法查询数据，等于同SQL语句Select*from index_product where id=2
>>> p = Product.objects.get(id = 2)
>>> p.name
'HUAWEI nova 2s'

# 使用filter方法查询数据，注意区分get和filter的差异
>>> p = Product.objects.filter(id = 2)
>>> p[0].name
'HUAWEI nova 2s'

# SQL的and查询主要在filter里面添加多个查询条件
>>> p = Product.objects.filter(name='华为荣耀V9', id=9)
>>> p
<QuerySet [<Product: Product object (9)>]>

# SQL的or查询，需要引入Q，编写格式：Q(field=value)|Q(field=value)
# 等同于SQL语句Select * from index_product where name='华为荣耀V9' or id=9
>>> from django.db.models import Q
>>> p = Product.objects.filter(Q(name='华为荣耀V9')|Q(id=9))
>>> p
<QuerySet [<Product: Product object (9)>, <Product: Product object (10)>]>

# 使用count方法统计查询数据的数据量
>>> p = Product.objects.filter(name='华为荣耀V9').count()
>>> p
2

# 去重查询，distinct方法无须设置参数，去重方式根据values设置的字段执行
# 等同SQL语句 Select DISTINCT name from index_product where name = '华为荣耀V9'
>>> p = Product.objects.values('name').filter(name='华为荣耀V9').distinct()
>>> p
<QuerySet [{'name': '华为荣耀V9'}]>

# 根据字段id降序排列，降序只要在order_by里面的字段前面加"-"即可
# order_by可设置多字段排列，如Product.objects.order_by('-id', 'name')
>>> p = Product.objects.order_by('-id')
>>> p

# 聚合查询，实现对数据值求和、求平均值等。Django提供annotate和aggregate方法实现
# annotate类似于SQL里面的GROUP BY方法，如果不设置values，就会默认对主键进行GROUP BY分组
# 等同于SQL语句Select name,SUM(id) AS 'id__sum' from index_product GROUP BY name ORDER BY NULL
>>> from django.db.models import Sum, Count
```

```
>>> p = Product.objects.values('name').annotate(Sum('id'))
>>> print(p.query)

# aggregate 是将某个字段的值进行计算并只返回计算结果
# 等同于 SQL 语句 Select COUNT(id) AS 'id_count' from index_product
>>> from django.db.models import Count
>>> p = Product.objects.aggregate(id_count=Count('id'))
>>> p
{'id_count': 11}
```

上述代码讲述了日常开发中常用的数据查询方法，但有时候需要设置不同的查询条件来满足多方面的查询要求。上述例子中，查询条件 filter 和 get 使用等值的方法来匹配结果。若想使用大于、不等于和模糊查询的匹配方法，则可以使用表 6-10 所示的匹配符实现。

表6-10 匹配符的使用及说明

匹配符	使用	说明
__exact	filter(name__exact='荣耀')	精确等于，如SQL的like '荣耀'
__iexact	filter(name__iexact='荣耀')	精确等于并忽略大小写
__contains	filter(name__contains='荣耀')	模糊匹配，如SQL的like '%荣耀%'
__icontains	filter(name__icontains='荣耀')	模糊匹配，忽略大小写
__gt	filter(id__gt=5)	大于
__gte	filter(id__gte=5)	大于等于
__lt	filter(id__lt=5)	小于
__lte	filter(id__lte=5)	小于等于
__in	filter(id__in=[1,2,3])	判断是否在列表内
__startswith	filter(name__startswith='荣耀')	以...开头
__istartswith	filter(name__istartswith='荣耀')	以...开头并忽略大小写
__endswith	filter(name__endswith='荣耀')	以...结尾
__iendswith	filter(name__iendswith='荣耀')	以...结尾并忽略大小写
__range	filter(name__range='荣耀')	在...范围内
__year	filter(date__year=2018)	日期字段的年份
__month	filter(date__month=12)	日期字段的月份
__day	filter(date__day=30)	日期字段的天数
__isnull	filter(name__isnull=True/False)	判断是否为空

从表 6-3 中可以看到，只要在查询的字段后添加相应的匹配符，就能实现多种不同的数据查询，如 filter(id__gt=9) 用于获取字段 id 大于 9 的数据。在 shell 模式下使用该匹配符进行数据查询，代码如下：

```
>>> from index.models import *
```

```
>>> p = Product.objects.filter(id__gt=9)
>>> p
<QuerySet [<Product: Product object (10)>, <Product: Product object (11)>]>
```

6.4 多表查询

在 6.3 节我们了解到数据表的读写操作，但仅仅局限在单个数据表的操作。在日常的开发中，常常需要对多个数据表同时进行数据查询。多个数据表查询需要数据表之间建立了表关系才得以实现。

一对多或一对一的表关系是通过外键实现关联的，而多表查询分为正向查询和反向查询。以模型 Product 和 Type 为例：

- 如果查询对象的主体是模型 Type，要查询模型 Type 的数据，那么该查询称为正向查询。

- 如果查询对象的主体是模型 Type，要通过模型 Type 查询模型 Product 的数据，那么该查询称为反向查询。

无论是正向查询还是反向查询，两者的实现方法大致相同，代码如下：

```
>>> t = Type.objects.filter(product__id=11)
# 正向查询
>>> t
<QuerySet [<Type: Type object (1)>]>
>>> t[0].type_name
'手机'

# 反向查询
>>> t[0].product_set.values('name')
<QuerySet [{'name': '荣耀V10'}, {'name': 'HUAWEI nova 2s'}, {'name': '华为荣耀V9'}, {'name': '华为荣耀V9'}, {'name': '华为荣耀V9'}]>
```

从上面的代码分析，因为正向查询的查询对象主体和查询的数据都来自于模型 Type，因此正向查询在数据库中只执行了一次 SQL 查询。而反向查询通过 t[0].product_set.values('name') 来获取模型 Product 的数据，因此反向查询执行了两次 SQL 查询，首先查询模型 Type 的数据，然后根据第一次查询的结果再查询与模型 Product 相互关联的数据。

为了减少反向查询的查询次数，我们可以使用 select_related 方法实现，该方法只执行一次 SQL 查询就能达到反向查询的效果。select_related 使用方法如下：

```
# 查询模型 Product 的字段 name 和模型 Type 的字段 type_name
# 等同于 SQL: SELECT name,type_name FROM index_product INNER JOIN index_type ON (type_id = id)
>>> Product.objects.select_related('type').values('name','type__type_name')
# 输出 SQL 查询语句
>>> print(p.query)

# 查询两个模型的全部数据
# SELECT * FROM index_product INNER JOIN index_type ON (type_id = id)
>>> Product.objects.select_related('type').all()
# 输出 SQL 查询语句
>>> print(p.query)

# 获取两个模型的数据，以模型 Product 的 id 大于 8 为查询条件
# SELECT * FROM index_product INNER JOIN index_type ON (type_id = id) WHERE index_product.id>8
>>> Product.objects.select_related('type').filter(id__gt=8)
# 输出 SQL 查询语句
>>> print(p.query)

# 获取两模型数据，以模型 Type 的 type_name 字段等于手机为查询条件
# SELECT * FROM index_product INNER JOIN index_type ON (type_id = id) WHERE index_type.type_name = '手机'
>>> Product.objects.select_related('type').filter(type__type_name='手机').all()
# 输出 SQL 查询语句
>>> print(p.query)
# 输出模型 Product 信息
>>> p[0]
<Product: Product object (1)>
# 输出模型 Product 所关联模型 Type 的信息
>>> p[0].type
<Type: Type object (1)>
>>> p[0].type.type_name
'手机'
```

select_related 的使用说明如下：

- 以模型 Product 作为查询对象主体，当然也可以使用模型 Type，只要两表之间有外键关联即可。
- 设置 select_related 的参数值为"type"，该参数值是模型 Product 定义的 type 字段。

- 如果在查询过程中需要使用另一个数据表的字段，可以使用"外键__字段名"来指向该表的字段。如 type__type_name 代表由模型 Product 的外键 type 指向模型 Type 的字段 type_name，type 代表模型 Product 的外键 type，双下画线"_"代表连接符，type_name 是模型 Type 的字段。

除此之外，select_related 还可以支持三个或三个以上的数据表同时查询，以下面的例子进行说明。

```python
# models.py 定义
from django.db import models

# 省份信息表
class Province(models.Model):
    name = models.CharField(max_length=10)

# 城市信息表
class City(models.Model):
    name = models.CharField(max_length=5)
    province = models.ForeignKey(Province, on_delete=models.CASCADE)

# 人物信息表
class Person(models.Model):
    name = models.CharField(max_length=10)
    living = models.ForeignKey(City, on_delete=models.CASCADE)
```

在上述模型中，模型 Person 通过外键 living 关联模型 City，模型 City 通过外键 province 关联模型 Province，从而使三个模型形成一种递进关系。

例如查询张三现在所居住的省份，首先通过模型 Person 和模型 City 查出张三所居住的城市，然后通过模型 City 和模型 Province 查询当前城市所属的省份。因此，select_related 的实现方法如下：

```python
p = Person.objects.select_related('living__province').get(name='张三')
p.living.province
```

在上述例子可以发现，通过设置 select_related 的参数值即可实现三个或三个以上的多表查询。例子中的参数值为 living__province，参数值说明如下：

- living 是模型 Person 的字段，该字段指向模型 City。
- province 是模型 City 的字段，该字段指向模型 Province。
- 两个字段之间使用双下画线连接并且两个字段都是指向另一个模型的，这说明在查询过程中，模型 Person 的字段 living 指向模型 City，再从模型 City 的字段 province 指向模型 Province，从而实现三个或三个以上的多表查询。

除了上面所讲述的例子之外，Django 的 ORM 框架还提供很多 API 方法，可以满足开发中各种复杂的需求，由于篇幅有限，就不再一一介绍了，有兴趣的读者可在网上查阅资料。

6.5 本章小结

Django 对各种数据库提供了很好的支持，包括：PostgreSQL、MySQL、SQLite 和 Oracle，而且为这些数据库提供了统一的调用 API，这些 API 统称为 ORM 框架。通过使用 Django 内置的 ORM 框架可以实现数据库连接和读写操作。

在 Django 中，虚拟对象数据库也称为模型。通过模型实现对目标数据库的读写操作，实现方法如下：

（1）配置目标数据库信息，主要在 settings.py 中设置数据库信息，具体配置步骤可看 2.4 节。

（2）构建虚拟对象数据库，在 App 的 models.py 文件中以类的形式定义模型。

（3）通过模型在目标数据库中创建相应的数据表。

（4）在视图函数中通过对模型操作实现目标数据库的读写操作。

一个模型对应目标数据库的一个数据表，但我们知道，每个数据表之间是可以存在关联的，表与表之间有三种关系：一对一、一对多和多对多，其说明如下：

- 一对一存在于两个数据表中，第一个表的某一行数据只与第二个表的某一行数据相关，同时第二个表的某一行数据也只与第一个表的某一行数据相关，这种表关系被称为一对一关系。
- 一对多存在于两个或两个以上的数据表中，第一个表的数据可以与第二个表的一到多行数据进行关联，但是第二个表的每一行数据只能与第一个表的某一行进行关联。
- 多对多存在于两个或两个以上的数据表中，第一个表的某一行数据可以与第二个表的一到多行数据进行关联，同时在第二个表中的某一行数据也可以与第一个表的一到多行数据进行关联。

区分查询条件 get 和 filter 的差异，两者区别如下。

- 查询条件 get：查询字段必须是主键或者唯一约束的字段，并且查询的数据必须存在，如果查询的字段有重复值或者查询的数据不存在，程序都会抛出异常信息。
- 查询条件 filter：查询字段没有限制，只要该字段是数据表的某一字段即可。查询结果以列表的形式返回，如果查询结果为空（查询的数据在数据库中找不到），就返回空列表。

在多表查询中，应掌握 select_related 的使用方法。以模型 Product 和 Type 为例，说明如下：

- 以模型 Product 作为查询对象主体，当然也可以使用模型 Type，只要两表之间有外键关联即可。
- 设置 select_related 的参数值为"type"，该参数值是模型 Product 定义的 type 字段。
- 如果在查询过程中需要使用另一个数据表的字段，可以使用"外键__字段名"来指向该表的字段。如 type__type_name 代表由模型 Product 的外键 type 指向模型 Type 的字段 type_name，type 代表模型 Product 的外键 type，双下画线"__"代表连接符，type_name 是模型 Type 的字段。

第 7 章

表单与模型

表单是搜集用户数据信息的各种表单元素的集合,作用是实现网页上的数据交互,用户在网站输入数据信息,然后提交到网站服务器端进行处理(如数据录入和用户登录、注册等)。

用户表单是 Web 开发的一项基本功能,Django 的表单功能由 Form 类实现,主要分为两种:django.forms.Form 和 django.forms.ModelForm。前者是一个基础的表单功能,后者是在前者的基础上结合模型所生成的数据表单。

7.1 初识表单

传统的表单生成方式是在模板文件中编写 HTML 代码实现,在 HTML 语言中,表单由 <form> 标签实现。表单生成方式如下:

```html
<!DOCTYPE html>
<html>
<body>
# 表单
<form action="" method="post">
First name:<br>
<input type="text" name="firstname" value="Mickey">
<br>
Last name:<br>
<input type="text" name="lastname" value="Mouse">
<br><br>
<input type="submit" value="Submit">
</form>
# 表单
</body>
</html>
```

一个完整的表单主要有 4 个组成部分：提交地址、请求方式、元素控件和提交按钮。其说明如下：

- 提交地址用于设置用户提交的表单数据应由哪个 URL 接收和处理，由控件 <form> 的属性 action 决定。当用户向服务器提交数据时，若属性 action 为空，则提交的数据应由当前的 URL 来接收和处理，否则网页会跳转到属性 action 所指向的 URL 地址。

- 请求方式用于设置表单的提交方式，通常是 GET 请求或 POST 请求，由控件 <form> 的属性 method 决定。

- 元素控件是供用户输入数据信息的输入框。由 HTML 的 <input> 控件实现，其控件属性 type 用于设置输入框的类型，常用的输入框类型有文本框、下拉框和复选框等。

- 提交按钮供用户提交数据到服务器，该按钮也是由 HTML 的 <input> 控件实现的。但该按钮具有一定的特殊性，因此不归纳到元素控件的范围内。

在模板文件中，直接编写表单是一种较为简单的实现方式，如果表单元素较多，会在无形之中增加模板的代码量，这样对日后的维护和更新造成极大的不便。为了简化表单的实现过程和提高表单的灵活性，Django 提供了完善的表单功能。在讲解表单使用方法之前，我们对 MyDjango 的目录做了细微的调整，如图 7-1 所示。

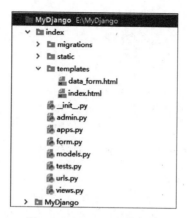

图 7-1 MyDjango 目录架构

在 MyDjango 的 index 中添加了空白文件 form.py，该文件主要用于编写表单的实现功能，文件夹可自行命名；同时在文件夹 templates 中添加模板文件 data_form.html，该文件用于将表单的数据显示到网页上。最后在文件 form.py、views.py 和 data_form.html 中分别添加以下代码：

```
# form.py 代码，定义 ProductForm 表单对象
from django import forms
from .models import *
class ProductForm(forms.Form):
    name = forms.CharField(max_length=20, label='名字',)
    weight = forms.CharField(max_length=50, label='重量')
    size = forms.CharField(max_length=50, label='尺寸')
    # 设置下拉框的值
    choices_list = [(i+1,v['type_name']) for i,v in enumerate(Type.objects.values('type_name'))]
    type = forms.ChoiceField(choices=choices_list, label='产品类型')

# views.py 代码，将表单 ProductForm 实例化并将其传递到模板中生成网页内容
from django.shortcuts import render
from .form import *
def index(request):
    product = ProductForm()
    return render(request, 'data_form.html',locals())

# data_form.html 代码，将表单对象的内容显示在网页上
<!DOCTYPE html>
<html lang="en">
<head>
    <meta charset="UTF-8">
```

```html
    <title>Title</title>
</head>
<body>
    {% if product.errors %}
        <p>
            数据出错啦，错误信息：{{ product.errors }}.
        </p>
    {% else %}
        <form action="" method="post">
            {% csrf_token %}
            <table>
                {{ product.as_table }}
            </table>
            <input type="submit" value="提交">
        </form>
    {% endif %}
</body>
</html>
```

上述代码演示了 Django 内置表单功能的使用方法，主要由 form.py、views.py 和 data_form.html 共同实现，实现说明如下：

（1）在 form.py 中定义表单 ProductForm，表单以类的形式表示。在表单中定义了不同类型的类属性，这些属性在表单中称为表单字段，每个表单字段代表 HTML 里的一个控件，这是表单的基本组成单位。

（2）在 views.py 中导入 form.py 所定义的 ProductForm 类，在视图函数 index 中对 ProductForm 实例化生成对象 product，再将对象 product 传递给模板 data_form.html。

（3）模板 data_form.html 将对象 product 以 HTML 的 <table> 的形式展现在网页上，如图 7-2 所示。

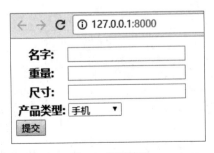

图 7-2 运行结果

7.2 表单的定义

从 7.1 节的例子发现，Django 的表单功能主要是通过定义表单类，再由类的实例化生成 HTML 的表单元素控件，这样可以在模板中减少 HTML 的硬编码。每个 HTML 的表单元素控件由表单字段来决定，代码如下：

```
# 表单类 ProductForm 的表单字段 name
name = forms.CharField(max_length=20, label='名字',)
# 表单字段 name 所生成的 HTML 元素控件
<tr>
<th><label for="id_name">名字:</label></th>
<td><input type="text" name="name" id="id_name" required maxlength="20" /></td>
</tr>
```

从表单字段转换 HTML 元素控件可以发现：

- 字段 name 的参数 label 将转换成 HTML 的标签 <label>。
- 字段 name 的 forms.CharField 类型转换成 HTML 的 <input type="text"> 控件，标签 <input> 是一个输入框控件，type="text" 代表当前输入框为文本输入框，参数 type 用于设置输入框的类型。
- 字段 name 的命名转换成 <input> 控件的参数 name，表单字段的参数 max_length 将转换成 <input> 控件的参数 required maxlength。

除了上述表单字段外，Django 还提供多种内置的表单字段，如表 7-1 所示。

表7-1 Django内置的表单字段

字段	说明
BooleanField	复选框，如果字段带有required=True，复选框被勾选上
CharField	文本框，参数max_length和min_length分别设置输入长度
ChoiceField	下拉框，参数choices设置数据内容
TypedChoiceField	与ChoiceField相似，但比ChoiceField多出参数coerce和empty_value，分别代表强制转换数据类型和用于表示空值，默认为空字符串
DateField	文本框，具有验证日期格式的功能，参数input_formats设置日期格式
EmailField	文本框，验证输入数据是否为合法的邮箱地址。可选参数为max_length和min_length

字段	说明
FileField	文件上传功能，参数max_length和allow_empty_file分别用于设置文件名的最大长度和文件内容是否为空
FilePathField	在特定的目录选择并上传文件，参数path是必需参数，参数recursive、match、allow_files和allow_folders为可选参数
FloatField	验证数据是否为浮点数
ImageField	验证文件是否为Pillow库可识别的图像格式
IntegerField	验证数据是否为整型
GenericIPAddressField	验证数据是否为有效数值
SlugField	验证数据是否只包括字母、数字、下画线及连字符
TimeField	验证数据是否为datetime.time或指定特定时间格式的字符串
URLField	验证数据是否为有效的URL地址

从表 7-1 可以看出，表单字段除了转换 HTML 控件之外，还具有一定的数据格式规范，数据格式规范主要由字段类型和字段参数共同实现。每个不同类型的表单字段都有一些自己特殊的参数，但每个表单字段都具有表 7-2 所示的共同参数。

表7-2 表单字段的共同参数

参数	说明
Required	输入数据是否为空，默认值为True
Widget	设置HTML控件的样式
Label	用于生成Label标签或显示内容
Initial	设置初始值
help_text	设置帮助提示信息
error_messages	设置错误信息，以字典格式表示：{'required':'不能为空','invalid':'格式错误'}
show_hidden_initial	值为True/False，是否在当前插件后面再加一个隐藏的且具有默认值的插件（可用于检验两次输入值是否一致）
Validators	自定义数据验证规则。以列表格式表示，列表元素为函数名
Localize	值为True/False，是否支持本地化，如不同时区显示相应的时间
Disabled	值为True/False，是否可以编辑
label_suffix	Label内容后缀，在Label后添加内容

根据表 7-2 的参数说明，我们对 form.py 的表单 ProductForm 的字段进行优化，代码如下：

```
from django import forms
from .models import *
from django.core.exceptions import ValidationError
# 自定义数据验证函数
def weight_validate(value):
    if not str(value).isdigit():
```

```python
            raise ValidationError('请输入正确的重量')
# 表单
class ProductForm(forms.Form):
    # 设置错误信息并设置样式
    name = forms.CharField(max_length=20, label='名字',
                widget=forms.widgets.TextInput(attrs={'class': 'c1'}),
                error_messages={'required': '名字不能为空'},)
    # 使用自定义数据验证函数
    weight = forms.CharField(max_length=50, label='重量',validators=[weight_validate])
    size = forms.CharField(max_length=50, label='尺寸')
    # 获取数据库数据
    choices_list = [(i+1,v['type_name']) for i,v in enumerate(Type.objects.values('type_name'))]
    # 设置CSS样式
    type = forms.ChoiceField(widget=forms.widgets.Select(attrs={'class':'type','size':'4'}),choices=choices_list,label='产品类型')
```

优化的代码分别使用了参数 widget、label、error_messages 和 validators，这 4 个参数是实际开发中常用的参数，参数说明如下：

- 参数 widget 是一个 forms.widgets 对象，其作用是设置表单字段的 CSS 样式，对象类型必须与表单字段的类型相符合。比如表单字段为 CharField，那么 widget 的对象类型应为 forms.widgets.TextInput，这两者的含义与作用是一致的，都代表文本输入框；倘若表单字段类型改为 ChoiceField，而 widget 的对象类型不变，前者是下拉选择框，后者是文本输入框，那么在网页上就会优先显示为文本输入框。

- 参数 label 会转换成 HTML 的标签 <label>，作用是对控件的描述和命名，方便用户理解控件的作用与含义。

- 参数 error_messages 用于设置数据验证失败后的错误信息，参数值以字典的形式表示，字典的键为表单字段的参数名，字典的值为错误信息。

- 参数 validators 用于自定义数据验证函数，当用户提交表单数据后，首先执行自定义的验证函数，当数据验证失败后，会抛出自定义的异常信息。所以，字段中设置了参数 validators，就无须设置参数 error_messages，因为数据验证已由参数 validators 优先处理。

为了进一步验证优化后的表单是否正确运行，我们对 views.py 的视图函数 index 代码进行优化，代码如下：

```python
# views.py 代码，对表单提交的数据进行处理
from django.shortcuts import render
from django.http import HttpResponse
from .form import *
def index(request):
    # GET 请求
    if request.method == 'GET':
        product = ProductForm()
        return render(request, 'data_form.html',locals())
    # POST 请求
    else:
        product = ProductForm(request.POST)
        if product.is_valid():
            # 获取网页控件 name 的数据
            # 方法一
            name = product['name']
            # 方法二
            # cleaned_data 将控件 name 的数据进行清洗，转换成 Python 数据类型
            cname = product.cleaned_data['name']
            return HttpResponse('提交成功')
        else:
            # 将错误信息输出，error_msg 是将错误信息以 json 格式输出
            error_msg = product.errors.as_json()
            print(error_msg)
            return render(request, 'data_form.html', locals())
```

上述代码是对 views.py 的视图函数 index 进行优化，优化说明如下：

- 首先判断用户的请求方式，不同的请求方式执行不同的程序处理。函数 index 分别对 GET 和 POST 请求做了不同的响应处理。

- 用户在浏览器中访问 http://127.0.0.1:8000/，等同于向 MyDjango 发送一个 GET 请求，函数 index 将表单 ProductForm 实例化并传递给模板，由模板引擎生成 HTML 表单返回给用户。

- 当用户在网页上输入相关信息后单击"提交"按钮，等同于向 MyDjango 发送一个 POST 请求，函数 index 首先获取表单数据对象 product，然后由 is_valid() 对数据对象 product 进行数据验证。

- 如果验证成功，可以使用 product['name'] 或 product.cleaned_data['name'] 方法来获取用户在某个控件上的输入值。只要将获取到的输入值和模型相互使用，就可以实现表单与模型的信息交互。

- 如果验证失败，使用 errors.as_json() 方法获取验证失败的信息，然后将验证失

败的信息通过模板返回给用户。

从上述例子发现,模板 data_form.html 的表单是使用 HTML 的 <table> 标签展现在网页上,除此之外,表单还可以使用其他 HTML 标签展现,只需将模板 data_form.html 的对象 product 使用以下方法即可生成其他 HTML 标签:

```
# 将表单生成 HTML 的 ul 标签
{{ product.as_ul }}
# 将表单生成 HTML 的 p 标签
{{ product.as_p }}
# 生成单个 HTML 元素控件
{{ product.type }}
# 获取表单字段的参数 lable 属性值
{{ product.type.label }}
```

7.3 模型与表单

我们知道 Django 的表单分为两种:django.forms.Form 和 django.forms.ModelForm。前者是一个基础的表单功能,后者是在前者的基础上结合模型所生成的数据表单。数据表单是将模型的字段转换成表单的字段,再从表单的字段生成 HTML 的元素控件,这是日常开发中常用的表单之一。本节通过讲解表单功能模块 ModelForm 实现表单数据与模型数据之间的交互开发。

首先在文件 form.py 中定义表单 ProductModelForm,该表单继承自父类 forms.ModelForm。其代码如下:

```python
from django import forms
from .models import *
from django.core.exceptions import ValidationError
# 数据库表单
class ProductModelForm(forms.ModelForm):
    # 添加模型外的表单字段
    productId = forms.CharField(max_length=20, label='产品序号')
    # 模型与表单设置
    class Meta:
        # 绑定模型
        model = Product
        # fields 属性用于设置转换字段,'__all__' 是将全部模型字段转换成表单字段
        # fields = '__all__'
        fields = ['name','weight','size','type']
```

```
        # exclude 用于禁止模型字段转换表单字段
        exclude = []
        # labels 设置 HTML 元素控件的 label 标签
        labels = {
            'name': '产品名称',
            'weight': '重量',
            'size': '尺寸',
            'type': '产品类型'
        }
        # 定义 widgets，设置表单字段的 CSS 样式
        widgets = {
            'name': forms.widgets.TextInput(attrs={'class': 'c1'}),
        }
        # 定义字段的类型，一般情况下模型的字段会自动转换成表单字段
        field_classes = {
            'name': forms.CharField
        }
        # 帮助提示信息
        help_texts = {
            'name': ''
        }
        # 自定义错误信息
        error_messages = {
            # __all__ 设置全部错误信息
            '__all__': {'required': '请输入内容',
                        'invalid': '请检查输入内容'},
            # 设置某个字段的错误信息
            'weight': {'required': '请输入重量数值',
                       'invalid': '请检查数值是否正确'}
        }

    # 自定义表单字段 weight 的数据清洗
    def clean_weight(self):
    # 获取字段 weight 的值
        data = self.cleaned_data['weight']
        return data+'g'
```

上述代码中，表单类 ProductModelForm 可分为三大部分：添加模型外的表单字段、模型与表单设置和自定义表单字段 weight 的数据清洗函数，说明如下：

- 添加模型外的表单字段是在模型已有的字段下添加额外的表单字段。
- 模型与表单设置是将模型的字段转换成表单字段，由类 Meta 的属性实现两者的字段转换。
- 自定义表单字段 weight 的数据清洗函数只适用于字段 weight 的数据清洗。

综上所述，模型字段转换成表单字段主要在类 Meta 中实现。在类 Meta 中，其属性说明如表 7-3 所示。

表7-3 类Meta的属性及说明

属性	说明
model	必需属性，用于绑定Model对象
fields	必需属性，设置模型内哪些字段转换成表单字段。属性值为'__all__'代表整个模型的字段，若设置一个或多个，使用列表或元组的数据格式表示，列表或元组里的元素是模型的字段名
exclude	可选属性，与fields相反，禁止模型内哪些字段转换成表单字段。属性值以列表或元组表示，若设置了该属性，则属性fields可以不用设置
labels	可选属性，设置表单字段里的参数label。属性值以字典表示，字典里的键是模型的字段
widgets	可选属性，设置表单字段里的参数widget
field_classes	可选属性，将模型的字段类型重新定义为表单字段类型，默认情况下，模型字段类型会自动转换为表单字段类型
help_texts	可选属性，设置表单字段里的参数help_text
error_messages	可选属性，设置表单字段里的参数error_messages

值得注意的是，一些较为特殊的模型字段在转换表单时会有不同的处理方式。例如模型字段的类型为 AutoField，该字段在表单中不存在对应的表单字段；模型字段类型为 ForeignKey 和 ManyToManyField，在表单中对应的表单字段为 ModelChoiceField 和 ModelMultipleChoiceField。

自定义表单字段 weight 的数据清洗函数是在视图函数中使用 cleaned_data 方法时，首先判断当前清洗的表单字段是否已定义数据清洗函数。例如上述的 clean_weight 函数，在清洗表单字段 weight 的数据时会自动执行该自定义函数。在自定义数据清洗函数时，必须以"clean_字段名"的格式作为函数名，而且函数必须有 return 返回值。如果在函数中设置 ValidationError 了异常抛出，那么该函数可视为带有数据验证的清洗函数。

7.4 数据表单的使用

7.3 节通过定义表单类 ProductModelForm 将模型 Product 与表单相互结合起来，本节将通过表单类 ProductModelForm 在网页上生成 HTML 表单。我们沿用前面的模板 data_form.html，在 MyDjango 的 urls.py 和 views.py 中分别定义新的 URL 地址和视图函数，代码如下：

```python
# urls.py 的 URL 地址信息
from django.urls import path
from . import views
urlpatterns = [
    # 首页的 URL
    path('', views.index),
    # 数据库表单
    path('<int:id>.html', views.model_index),
]

# views.py 的视图函数 model_index
from django.shortcuts import render
from django.http import HttpResponse
from .form import *
def model_index(request, id):
    if request.method == 'GET':
        instance = Product.objects.filter(id=id)
        # 判断数据是否存在
        if instance:
            product = ProductModelForm(instance=instance[0])
        else:
            product = ProductModelForm()
        return render(request, 'data_form.html', locals())
    else:
        product = ProductModelForm(request.POST)
        if product.is_valid():
            # 获取 weight 的数据，并通过 clean_weight 进行清洗，转换成 Python 数据类型
            weight = product.cleaned_data['weight']
            # 数据保存方法一
            # 直接将数据保存到数据库
            # product.save()
            # 数据保存方法二
            # save 方法设置 commit=False，将生成数据库对象 product_db，然后对该对象的属性值修改并保存
            product_db = product.save(commit=False)
            product_db.name = ' 我的 iPhone '
            product_db.save()
            # 数据保存方法三
            # save_m2m() 方法用于保存 ManyToMany 的数据模型
            # product.save_m2m()
            return HttpResponse(' 提交成功 !weight 清洗后的数据为：'+weight)
        else:
```

```
# 将错误信息输出，error_msg 是将错误信息以 json 格式输出
error_msg = product.errors.as_json()
print(error_msg)
return render(request, 'data_form.html', locals())
```

函数 model_index 的处理逻辑和 7.2 节的函数 index 大致相同，说明如下：

- 首先判断用户的请求方式，不同的请求方式执行不同的处理程序。代码分别对 GET 和 POST 请求做了不同的响应处理。
- 若当前请求为 GET 请求，函数根据 URL 传递的变量 id 来查找模型 Product 的数据，如果数据存在，模型的数据以参数的形式传递给表单 ProductModelForm 的参数 instance，在生成网页时，模型数据会填充到对应的元素控件上，如图 7-3 所示。
- 若当前请求为 POST 请求，函数首先对表单数据进行验证，若验证失败，则返回失败信息；若验证成功，则使用 cleaned_data 方法对字段 weight 进行清洗，字段 weight 清洗由自定义函数 clean_weight 完成，最后将表单数据保存到数据库，保存数据有三种方式，具体说明可看代码注释，运行结束如图 7-3 所示。

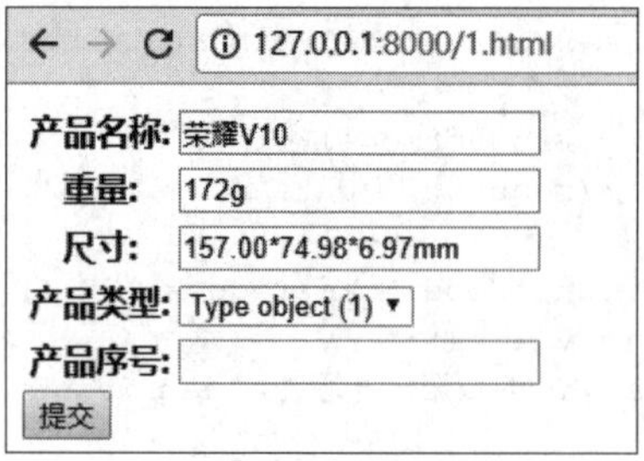

图 7-3 运行结果

我们在 views.py 中实现了表单 ProductModelForm 的使用。在实现过程中，读者可能会产生以下疑问：

- 当请求方式为 GET 的时候，设置表单 ProductModelForm 的参数 instance 相当于为表单进行初始化，那么表单的初始化有哪些方法？
- 图 7-3 的下拉框数据是一个模型 Type 对象，如何将模型 Type 的字段 type_name 的数据在下拉框中展示呢？
- 将表单数据保存到数据库中，三种保存方式有什么区别？

第 7 章　表单与模型

针对疑问一，表单的初始化有 4 种方法，每一种方法都有自己的适用范围：

（1）在视图函数中对表单类进行实例化时，可以设置实例化对象的参数 initial。例如 ProductModelForm (initial={'name':value})，参数值以字典的格式表示，字典的键为表单的字段名，这种方法适用于所有表单类。

（2）在表单类中进行实例化时，如果初始化的数据是一个模型对象的数据，可以设置参数 instanse，这种方法只适用于 ModelForm，如 ProductModelForm (instanse=instanse)。

（3）定义表单字段时，可以对表单字段设置初始化参数 initial，此方法不适用于 ModelForm，如 name = forms.CharField(initial=value)。

（4）重写表单类的初始化函数 __init__()，适用于所有表单类，如在初始化函数 __init__() 中设置 self.fields['name'].initial = value。

上述四种初始化方法中，我们以方法（3）和方法（4）为例，在定义表单类时设置表单的初始化，代码如下：

```
# 数据库表单
class ProductModelForm(forms.ModelForm):
    # 方法四：重写 ProductModelForm 类的初始函数 __init__
    def __init__(self, *args, **kwargs):
        super(ProductModelForm, self).__init__(*args, **kwargs)
        self.fields['name'].initial = '我的手机'
    # 方法三：定义表单字段时，设置参数 initial
    productId = forms.CharField(max_length=20, label='产品序号', initial='NO1')
```

重启 MyDjango 项目，在浏览器上访问 http://127.0.0.1:8000/111.html，运行结果如图 7-4 所示。

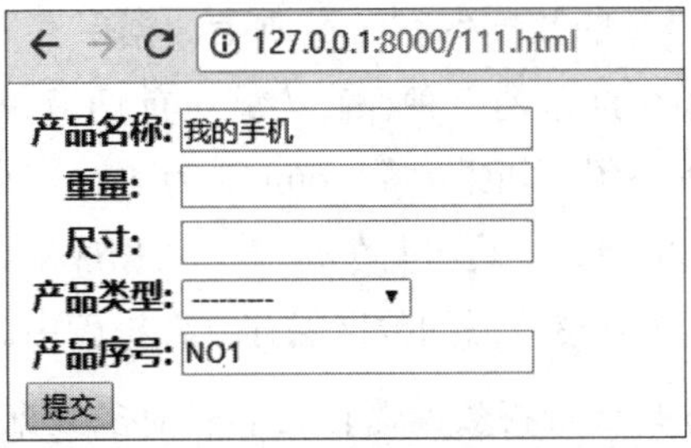

图 7-4 运行结果

解决疑问一的表单初始化问题后，我们接着分析疑问二可以发现，下拉框的数据是一个模型 Type 对象，而下拉框是由模型 Product 的外键 type 所生成的，外键 type 指向模型 Type。因此，要解决下拉框的数据问题，可以从定义模型或者定义表单这两方面解决。

定义模型是在定义模型 Type 时，设置该模型的返回值。当有外键指向模型 Type 时，模型 Type 会将返回值返回给外键。在模型中通过重写 __str__ 函数可以设置模型的返回值，代码如下：

```python
# models.py
class Type(models.Model):
    id = models.AutoField(primary_key=True)
    type_name = models.CharField(max_length=20)
    # 设置返回值，若不设置，则默认返回 Type 对象
    def __str__(self):
        return self.type_name
```

如果存在多个下拉框，而且每个下拉框的数据分别取同一个模型的不同字段，那么重写 __str__ 函数可能不太可行。遇到这种情况，可以在定义表单类的时候重写初始化函数 __init__()，代码如下：

```python
class ProductModelForm(forms.ModelForm):
    # 重写 ProductModelForm 类的初始函数 __init__
    def __init__(self, *args, **kwargs):
        super(ProductModelForm, self).__init__(*args, **kwargs)
        # 设置下拉框的数据
        type_obj = Type.objects.values('type_name')
        choices_list = [(i + 1, v['type_name']) for i, v in enumerate(type_obj)]
        self.fields['type'].choices = choices_list
        # 初始化字段 name
        self.fields['name'].initial = '我的手机'
```

最后对于疑问三所提及的数据保存，实质上数据保存只有 save() 和 save_m2m() 方法实现，在上述代码中所演示的三种保存方式，前两者是 save() 的参数 commit 的不同而导致保存方式有所不同。如果参数 commit 为 True，直接将表单数据保存到数据库；如果参数 commit 为 False，这时将生成一个数据库对象，然后可以对该对象进行增删改查等数据操作，再将修改后的数据保存到数据库中。

值得注意的是 save() 只适合将数据保存在非多对多数据关系的数据表，而 save_m2m() 只适合将数据保存在多对多数据关系的数据表。

7.5 本章小结

用户表单是 Web 开发的一项基本功能，Django 的表单功能由 Form 类实现，主要分为两种：django.forms.Form 和 django.forms.ModelForm。前者是一个基础的表单功能，后者是在前者的基础上结合模型所生成的数据表单。

一个完整的表单主要有 4 个组成部分：提交地址、请求方式、元素控件和提交按钮。其说明如下：

- 提交地址用于设置用户提交的表单数据应由哪个 URL 接收和处理，由控件 \<form> 的属性 action 决定。当用户向服务器提交数据时，若属性 action 为空，提交的数据应由当前的 URL 来接收和处理，否则网页会跳转到属性 action 所指向的 URL 地址。
- 请求方式用于设置表单的提交方式，通常是 GET 请求或 POST 请求，由控件 \<form> 的属性 method 决定。
- 元素控件是供用户输入数据信息的输入框。由 HTML 的 \<input> 控件实现，其控件属性 type 用于设置输入框的类型，常用的输入框类型有文本框、下拉框和复选框等。
- 提交按钮供用户提交数据到服务器，该按钮也是由 HTML 的 \<input> 控件实现的。但该按钮具有一定的特殊性，因此不归纳到元素控件的范围内。

Django 的表单功能主要是通过定义表单类，再由类的实例化生成 HTML 的表单元素控件，这样可以在模板中减少 HTML 的硬编码。每个 HTML 的表单元素控件由表单字段来决定，代码如下：

```
# 表单类 ProductForm 的表单字段 name
name = forms.CharField(max_length=20, label='名字',)
# 表单字段 name 所生成的 HTML 元素控件
<tr>
<th><label for="id_name">名字:</label></th>
<td><input type="text" name="name" id="id_name" required maxlength="20" /></td>
</tr>
```

从表单字段转换 HTML 元素控件可以发现：

- 字段 name 的参数 label 转换成 HTML 的标签 <label> 的值。
- 字段 name 的 forms.CharField 类型转换成 HTML 的 <input type="text"> 控件，标签 <input> 是一个输入框控件，type="text" 代表当前输入框为文本输入框，参数 type 用于设置输入框的类型。
- 表单字段 name 的命名转换成 <input> 控件的参数 name 的值，表单字段 name 的参数 max_length 转换成 <input> 控件的参数 required maxlength 的值。

数据表单是将模型的字段转换成表单的字段，再从表单的字段生成 HTML 的元素控件，这是日常开发中常用的表单之一。数据表单以类的形式定义，其内部可分为三大部分：添加模型外的表单字段、模型与表单设置和自定义函数，说明如下：

- 添加模型外的表单字段是在模型已有的字段下添加额外的表单字段。
- 模型与表单设置是将模型的字段转换成表单字段，由类 Meta 的属性实现两者的字段转换。
- 自定义函数是重写模块 ModelForm 中的函数，使其符合开发需求，如重写初始化函数 __init__ 和自定义数据清洗函数等。

第 8 章

Admin 后台系统

Admin 后台系统也称为网站后台管理系统,主要用于对网站前台的信息进行管理,如文字、图片、影音和其他日常使用文件的发布、更新、删除等操作,也包括功能信息的统计和管理,如用户信息、订单信息和访客信息等。简单来说,就是对网站数据库和文件的快速操作和管理系统,以使网页内容能够及时得到更新和调整。

8.1 走进 Admin

当一个网站上线之后,网站管理员是通过网站后台系统对网站进行管理和维护的。Django 已内置了强大的 Admin 后台系统,在创建 Django 项目的时候,可以从配置文件 settings.py 中看到项目已默认启用 Admin 后台系统,如图 8-1 所示。

从图 8-1 中看到,在 INSTALLED_APPS 中已配置了 Django 的 Admin 后台系统,如果网站不需要 Admin 后台系统,可以将配置信息删除,这样可以减少程序对系统资源的占用。此外，在根目录的urls.py中也可以看到Admin的URL地址信息，我们在浏览器上输入http://127.0.0.1:8000/admin就能访问Admin后台系统，如图8-2所示。

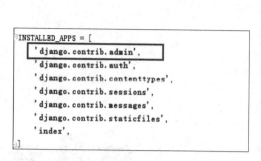

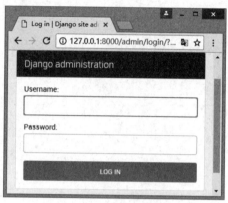

图8-1 Admin配置信息　　　　　　　　　图8-2 Admin登录页面

在访问Admin后台系统时，首先需要输入用户的账号和密码登录才能进入后台管理界面。创建用户的账号和密码之前，必须确保项目的模型在数据库中有相应的数据表，以MyDjango为例，项目的数据表如图8-3所示。

如果Admin后台系统以英文的形式显示，那么我们还需要在项目的settings.py中设置MIDDLEWARE中间件，将后台内容以中文形式显示。添加的中间件是有先后顺序的，具体可回顾2.5节，设置如图8-4所示。

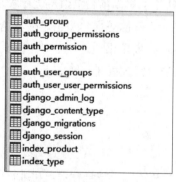
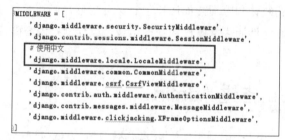

图8-3 数据表信息　　　　　　　　　　图8-4 设置中文显示

完成上述设置后，下一步是创建用户的账号和密码，创建方法由Django的管理工具manage.py完成，在PyCharm的Terminal模式下输入创建指令，代码如下：

```
E:\MyDjango>python manage.py createsuperuser
Username (leave blank to use 'cxuser02'): root
Email address: 554301449@qq.com
Password:
Password (again):
Superuser created successfully.
```

在创建用户信息时，用户名和邮箱地址可以为空，如果用户名为空会默认使用计算机的用户名，而设置用户密码时，输入的密码不会显示在计算机的屏幕上。完成用户创建后，打开数据表 auth_user 可看到新增了一条用户信息，如图 8-5 所示。

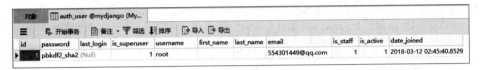

图 8-5 用户信息

在 Admin 登录页面上使用刚创建的账号和密码登录，即可进入 Admin 后台系统的页面，如图 8-6 所示。

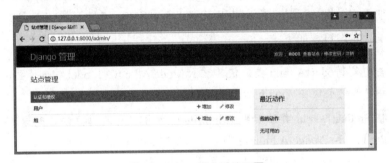

图 8-6 Admin 后台系统页面

在 Admin 后台系统中可以看到，主要功能分为站点管理、认证和授权、用户和组，说明如下：

- 站点管理是整个网站的 App 管理界面，主要管理 Django 的 App 下所定义的模型。
- 认证和授权是 Django 内置的认证系统，也是项目的一个 App。
- 用户和组是认证和授权所定义的模型，分别对应数据表 auth_user 和 auth_user_groups。

在 MyDjango 中，已在 index 中定义了模型 Product 和 Type，分别对应数据表

index_product 和 index_type。若想将 index 定义的模型展示在 Admin 后台系统中，则需要在 index 的 admin.py 中添加以下代码：

```python
from django.contrib import admin
from .models import *

# 方法一
# 将模型直接注册到 admin 后台
admin.site.register(Product)

# 方法二：
# 自定义 ProductAdmin 类并继承 ModelAdmin
# 注册方法一，使用 Python 装饰器将 ProductAdmin 和模型 Product 绑定并注册到后台
@admin.register(Product)
class ProductAdmin(admin.ModelAdmin):
    # 设置显示的字段
    list_display = ['id', 'name', 'weight', 'size', 'type',]
# 注册方法二
# admin.site.register(Product, ProductAdmin)
```

上述代码以两种方法将数据表 index_product 注册到 Admin 后台系统，方法一是基本的注册方式；方法二是通过类的继承方式实现注册。日常的开发都是采用第二种方法实现的，实现过程如下：

- 自定义 ProductAdmin 类，使其继承 ModelAdmin。ModelAdmin 主要设置模型信息如何展现在 Admin 后台系统中。

- 将 ProductAdmin 类注册到 Admin 后台系统中有两种方法，两者都是将模型 Product 和 ProductAdmin 类绑定并注册到 Admin 后台系统。

以 ProductAdmin 类为例，刷新 Admin 后台系统页面，看到站点管理出现 INDEX，代表项目的 index，INDEX 下的 Products 是 index 中的模型 Product，对应数据表 index_product，如图 8-7 所示。

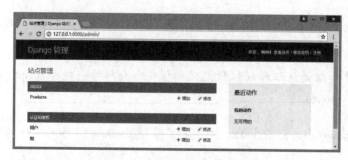

图 8-7 模型 Product 的后台管理

8.2 Admin 的基本设置

在 8.1 节中,我们将数据表 index_product 成功展现在站点管理的页面,但对一个不会网站开发的使用者来说,可能无法理解 INDEX 和 Products 的含义,而且用英文表示也会影响整个网页的美观。因此,我们需要将 INDEX 和 Products 转换成具体的中文内容。将 INDEX 和 Products 设置中文显示需要分别使用不同的方法实现,因为 INDEX 和 Products 在项目中分别代表不同的意思,前者是一个 App 的命名,后者是一个 App 中定义的模型。

首先实现 INDEX 的中文显示,主要由 App 的 __init__.py 文件实现,实现代码如下:

```python
# INDEX 设置中文,代码编写在 App(index)的 __init__.py 文件中
from django.apps import AppConfig
import os
# 修改 App 在 Admin 后台显示的名称
# default_app_config 的值来自 apps.py 的类名
default_app_config = 'index.IndexConfig'

# 获取当前 App 的命名
def get_current_app_name(_file):
    return os.path.split(os.path.dirname(_file))[-1]

# 重写类 IndexConfig
class IndexConfig(AppConfig):
    name = get_current_app_name(__file__)
    verbose_name = '网站首页'
```

当项目启动时,程序会从初始化文件 __init__ 获取重写的 IndexConfig 类,类属性 verbose_name 用于设置 INDEX 的中文内容。

然后将 Products 设置中文显示,在 models.py 中设置类 Meta 的类属性 verbose_name_plural 即可实现。值得注意的是,Meta 的类属性还有 verbose_name,两者都能设置 Products 的中文内容,但 verbose_name 是以复数形式表示的,如将 Products 设置为"产品信息",verbose_name 会显示为"产品信息 s",实现代码如下:

```python
# Products 设置中文,代码编写在 models.py 文件中
# 创建产品信息表
# 设置字段中文名,用于 Admin 后台显示
class Product(models.Model):
```

```python
        id = models.AutoField('序号', primary_key=True)
        name = models.CharField('名称',max_length=50)
        weight = models.CharField('重量',max_length=20)
        size = models.CharField('尺寸',max_length=20)
        type = models.ForeignKey(Type, on_delete=models.CASCADE,verbose_name='产品类型')
        # 设置返回值
        def __str__(self):
            return self.name
        class Meta:
            # 如只设置verbose_name，在Admin会显示为"产品信息s"
            verbose_name = '产品信息'
            verbose_name_plural = '产品信息'
```

除此之外，我们还可以进一步完善 Admin 网页标题信息，在 App 的 admin.py 文件中编写以下代码：

```python
# index 的 admin.py 文件
# 修改 title 和 header
from django.contrib import admin
from .models import *

# 修改 title 和 header
admin.site.site_title = 'MyDjango 后台管理'
admin.site.site_header = 'MyDjango'

# 自定义 ProductAdmin 类并继承 ModelAdmin
@admin.register(Product)
class ProductAdmin(admin.ModelAdmin):
    # 设置显示的字段
    list_display = ['id', 'name', 'weight', 'size', 'type',]
```

上述例子实现了 INDEX、Products 的中文设置和 Admin 网页标题内容的修改，分别由 index 的初始化文件 __init__、模型文件 models.py 和 admin.py 实现。运行 MyDjango 项目，Admin 管理页面如图 8-8 所示。

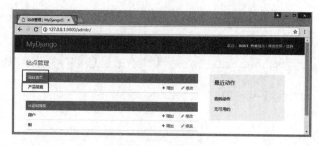

图 8-8 Admin 管理页面

当单击图 8-8 中的"产品信息"时,网页会进入模型 Product 的数据页面,数据以表格的形式展示。从表格上可以发现,表头信息代表模型的字段,并且表头是以中文的形式展现的。如果细心观察就会发现,在上述例子中,models.py 所定义的模型 Product 的字段设置了中文内容,中文内容是字段参数 verbose_name 的参数值,所以模型 Product 的数据表头才以中文的形式展现,如图 8-9 所示。

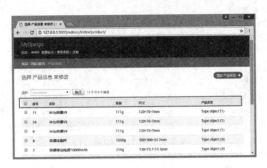

图 8-9 模型 Product 的数据信息

从图 8-9 中可以发现,产品类型的数据是一个模型 Type 对象,与第 7 章的表单下拉框数据设置是同一个问题。因此,在模型 Type 中定义 __str__ 函数,设置模型的返回值,代码如下:

```
# 创建产品分类表
# 设置字段中文名,用于 Admin 后台显示
class Type(models.Model):
    id = models.AutoField('序号', primary_key=True)
    type_name = models.CharField('产品类型', max_length=20)
    # 设置返回值
    def __str__(self):
        return self.type_name
```

在浏览器上刷新当前网页,可以发现产品类型的数据变为模型字段 Type_name 的数据,如图 8-10 所示。

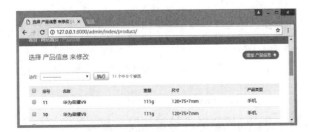

图 8-10 模型 Product 的数据信息

当一个数据表中存储了成千上万的数据，在 Admin 中查找该表的某条数据信息时，如果不使用一些查找功能，是无法精准地找到需要的数据信息的。为解决这个问题，可以在 admin.py 中进一步优化 ProductAdmin，优化代码如下：

```python
# admin.py
from django.contrib import admin
from .models import *
@admin.register(Product)
class ProductAdmin(admin.ModelAdmin):
    # 设置模型字段，用于 Admin 后台数据的表头设置
    list_display = ['id', 'name', 'weight', 'size', 'type',]
    # 设置可搜索的字段并在 Admin 后台数据生成搜索框，如有外键，应使用双下画线连接两个模型的字段
    search_fields = ['id', 'name','type__type_name']
    # 设置过滤器，在后台数据的右侧生成导航栏，如有外键，应使用双下画线连接两个模型的字段
    list_filter = ['name','type__type_name']
    # 设置排序方式，['id'] 为升序，降序为 ['-id']
    ordering = ['id']
    # 设置时间选择器，如字段中有时间格式才可以使用
    # date_hierarchy = Field
    # 在添加新数据时，设置可添加数据的字段
    fields = ['name', 'weight', 'size', 'type']
    # 设置可读字段，在修改或新增数据时使其无法设置
    readonly_fields = ['name']
```

上述代码中，ProductAdmin 类分别设置 list_display、search_fields、list_filter、ordering、date_hierarchy、fields 和 readonly_fields 属性，每个属性的作用在代码注释已有说明。除了 date_hierarchy 之外，其他属性值还可以使用元组格式表示。在 ProductAdmin 类新增的属性都能在页面中生成相应的功能，如图 8-11 所示。

图 8-11 模型 Product 的数据信息

值得注意的是，如果 readonly_fields 和 fields 属性设置了模型的同一个字段，那么在新增数据的时候，该模型字段是无法输入数据的。例如上述设置，readonly_ fields 和 fields 同时设置了 name 字段,在新增数据时,该字段的值默认为空并且无法输入数据,如图 8-12 所示。

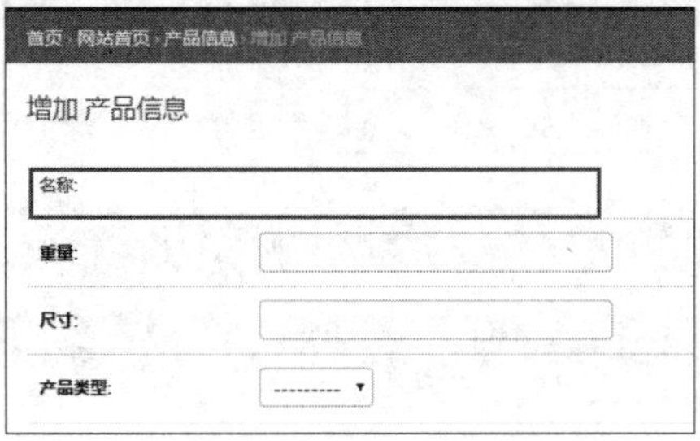

图 8-12 新增数据

8.3 Admin 的二次开发

前面的章节讲述了 Admin 的基本设置,但实际上每个网站的功能和需求都是各不相同的,这也导致了 Admin 后台功能有所差异。因此,通过重写 ModelAdmin 的方法可以实现 Admin 的二次开发,满足多方面的开发需求。

8.3.1 函数 get_readonly_fields

函数 get_readonly_fields 和属性 readonly_fields 的功能相似,不过前者比后者更为强大。比如使用函数 get_readonly_fields 实现不同的用户角色来决定字段的可读属性,实现代码如下:

```
# 重写 get_readonly_fields 函数,设置超级用户和普通用户的权限
    def get_readonly_fields(self, request, obj=None):
        if request.user.is_superuser:
            self.readonly_fields = []
        else:
            self.readonly_fields = ['name']
        return self.readonly_fields
```

函数 get_readonly_fields 首先判断当前发送请求的用户是否为超级用户,如果符合判断条件,将重新设置 readonly_fields 属性,使当前用户具有全部字段的编辑权限。其中,函数参数 request 是当前用户的请求对象,参数 obj 是模型对象,默认值为 None。

在浏览器上通过切换不同的用户登录,可以发现在新增或者修改数据的时候,不同的用户身份对字段 name 的操作权限有所不同,如图 8-13 所示。

图 8-13 切换不同的用户登录

8.3.2 设置字段格式

在 Admin 预览模型 Product 的数据信息时，数据表的表头是由属性 list_display 所定义的，每个表头的数据都来自于数据库，并且数据以固定的字体格式显示在网页上。若要对某些字段的数据进行特殊处理，如设置数据的字体颜色，以模型 Product 的 type 字段为例，将该字段的数据设置为不同的颜色，实现代码如下：

```
# models.py 的模型 Product
from django.utils.html import format_html
class Product(models.Model):
    id = models.AutoField('序号', primary_key=True)
    name = models.CharField('名称',max_length=50)
    weight = models.CharField('重量',max_length=20)
    size = models.CharField('尺寸',max_length=20)
    type = models.ForeignKey(Type, on_delete=models.CASCADE,verbose_name='产品类型')
    # 设置返回值
    def __str__(self):
        return self.name
    class Meta:
        # 设置verbose_name，在Admin会显示为"产品信息s"
        verbose_name = '产品信息'
        verbose_name_plural = '产品信息'

    # 自定义函数，设置字体颜色
```

```python
    def colored_type(self):
        if '手机' in self.type.type_name:
            color_code = 'red'
        elif '平板电脑' in self.type.type_name:
            color_code = 'blue'
        elif '智能穿戴' in self.type.type_name:
            color_code = 'green'
        else:
            color_code = 'yellow'
        return format_html(
            '<span style="color: {};">{}</span>',
            color_code,
            self.type,
        )
    # 设置 Admin 的标题
    colored_type.short_description = '带颜色的产品类型'

# 在 admin.py 的 ProductAdmin 中添加自定义字段
# 添加自定义字段，在属性 list_display 中添加自定义字段 colored_type，colored_type
来自于模型 Porduct
    list_display.append('colored_type')
```

从上述代码可以看到，设置字段的数据格式主要由文件 models.py 和 admin.py 实现，说明如下：

- 在 models.py 的模型 Product 中定义函数 colored_type，函数名可以自行命名，该函数通过判断模型字段的数据内容，从而返回不同的字体颜色。
- 然后在 admin.py 的类 ProductAdmin 的属性 list_display 中添加模型 Product 的函数 colored_type，使该函数以表头的形式显示在 Admin 后台的数据信息页面上。运行结果如图 8-14 所示。

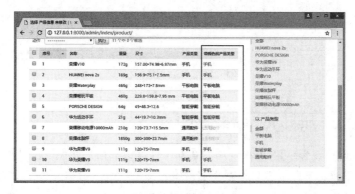

图 8-14 新增自定义字段

8.3.3 函数 get_queryset

函数 get_queryset 根据不同用户角色设置数据的访问权限，该函数可以将一些重要的数据进行过滤。以模型 Product 为例，在 admin.py 的类 ProductAdmin 中重写函数 get_queryset，代码如下：

```
# admin.py 的类 ProductAdmin
# 根据当前用户名设置数据访问权限
def get_queryset(self, request):
qs = super(ProductAdmin, self).get_queryset(request)
if request.user.is_superuser:
    return qs
else:
    return qs.filter(id__lt=6)
```

分析上述代码可知，自定义函数 get_queryset 的代码说明如下：

- 首先通过 super 方法来获取父类 ModelAdmin 的函数 get_queryset 所生成的查询对象，该对象用于查询模型 Product 的全部数据。
- 然后判断当前用户的用户身份，如果为超级用户，函数返回模型 Product 的全部数据，否则只返回模型 Product 的前 5 条数据。运行结果如图 8-15 所示。

图 8-15 设置数据访问权限

8.3.4 函数 formfield_for_foreignkey

函数 formfield_for_foreignkey 用于在新增或修改数据的时候，设置外键的可选值。如果在模型中将某字段定义为外键类型，当新增数据时，该字段为一个下拉框控件，下拉框中的数据来自于该字段所指向的模型，如图 8-16 所示。

图 8-16 新增数据

如果想要对下拉框中的数据实现过滤功能,可以对函数 formfield_for_foreignkey 进行重写,代码如下:

```
# 新增或修改数据时,设置外键可选值
def formfield_for_foreignkey(self, db_field, request, **kwargs):
if db_field.name == 'type':
    if not request.user.is_superuser:
        kwargs["queryset"] = Type.objects.filter(id__lt=4)
return super(admin.ModelAdmin, self).formfield_for_foreignkey(db_field, request, **kwargs)
```

上述代码通过重写函数 formfield_for_foreignkey,实现下拉框的数据过滤,实现说明如下:

- 参数 db_field 是模型 Product 的外键对象,一个模型可以定义多个外键,因此函数首先对外键名进行判断。
- 然后判断当前用户是否为超级用户,参数 request 是当前用户的请求对象。
- 如果当前用户为普通用户,则设置参数 kwargs 的 queryset,参数 kwargs 是以字典的形式作为函数参数,queryset 是参数 kwargs 的键。
- 最后将设置好的参数 kwargs 传递给父类的函数 formfield_for_foreignkey 重新执行。运行结果如图 9-17 所示。

图 8-17 设置外键可选值

8.3.5 函数 save_model

函数 save_model 是在新增或修改数据的时候，点击保存按钮所触发的功能，该函数主要对输入的数据进行入库和更新处理。若想在这功能中加入一些特殊的功能需求，可以对函数 save_model 进行重写。比如对数据的修改实现一个日志记录，那么函数 save_model 的实现代码如下：

```python
# 修改保存方法
def save_model(self, request, obj, form, change):
    if change:
        # 获取当前用户名
        user = request.user
        # 使用模型获取数据，pk 代表具有主键属性的字段
        name = self.model.objects.get(pk=obj.pk).name
        # 使用表单获取数据
        weight = form.cleaned_data['weight']
        # 写入日志文件
        f = open('e://MyDjango_log.txt', 'a')
        f.write(' 产品: '+str(name)+', 被用户: '+str(user)+' 修改 '+'\r\n')
        f.close()
    else:
        pass
    # 使用 super 可使自定义 save_model 既保留父类已有的功能又添加自定义功能
    super(ProductAdmin, self).save_model(request, obj, form, change)
```

上述代码中，函数 save_model 的功能说明如下：

- 首先判断参数 change 是否为 True，若为 True，则说明当前操作为数据修改，反之为新增数据。
- 分别从三个函数参数中获取相关的数据内容。参数 request 代表当前用户的请求对象，参数 obj 代表当前数据所对应的模型对象，参数 form 代表 Admin 的数据修改页面所对应的数据表单。
- 然后将所获取的数据写入文本文件，实现简单的日志记录功能。
- 最后使用 super 方法使重写函数 save_model 执行原有函数 save_model 的功能，对数据进行入库和变更处理。若将此代码注释，当触发重写函数时，程序只执行日志记录功能，并不执行数据入库和变更处理。

除此之外，还有数据删除所执行的函数 delete_model，代码如下：

```
def delete_model(self, request, obj):
    pass
    super(ProductAdmin, self).delete_model(request, obj)
```

8.3.6 自定义模板

Admin 后台系统的 HTML 模板是由 Django 提供的，我们可以在 Django 的安装目录下找到 Admin 模板所在的路径（\Lib\site-packages\django\contrib\admin\templates\admin）。如果想要对 Admin 的模板进行自定义更改，可直接修改 Django 里面的 Admin 模板，但一般不提倡这种方法。如果一台计算机同时开发多个 Django 项目，这样会影响其他项目的使用。除了这种方法之外，还可以利用模板继承的方法实现自定义模板开发。我们对 MyDjango 项目的目录架构进行调整，如图 8-18 所示。

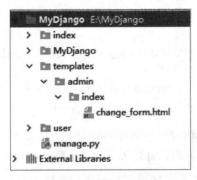

图 8-18 项目目录架构

在项目中创建模板文件夹 templates，在 templates 下依次创建文件夹 admin 和 index，说明如下：

- 文件夹 admin 代表该文件里的模板用于 Admin 后台管理系统，而且文件夹必须命名为 admin。
- 文件夹 index 代表项目的 App，文件夹的命名必须与 App 的命名一致。该文件夹存放模板文件 change_form.html，并且模板文件只适用于 index 的后台数据。
- 如果将模板 change_form.html 放在 admin 文件夹下，说明该文件适用于当前项目的所有 App。

值得注意的是，在项目中创建文件夹 templates 时，切勿忘记在项目 settings.py 中配置 templates 的路径信息。最后在模板 change_form.html 中编写以下代码：

```
{% extends "admin/change_form.html" %}
{% load i18n admin_urls static admin_modify %}
{% block object-tools-items %}
{# 判断当前用户角色 #}
{% if request.user.is_superuser %}
<li>
{% url opts|admin_urlname:'history' original.pk|admin_urlquote as history_url %}
<a href="{%add_preserved_filters history_url%}" class="historylink">{%trans "History"%}</a>
</li>
{# 判断结束符 #}
{% endif %}
{% if has_absolute_url %}
<li><a href="{{ absolute_url }}" class="viewsitelink">{% trans "View on site" %}</a></li>
{% endif %}
{% endblock %}
```

从代码可以看到，自定义模板 change_form.html 的代码说明如下：

- 自定义模板 change_form.html 首先继承自 Admin 源模板 change_form.html，自定义模板的命名必须与源模板的命名一致。

- 例如源模版 admin/change_form.html 导入了标签 {% load i18n admin_urls static admin_modify %}，因此自定义模版 change_form.html 也需要导入该模版标签。

- 通过使用 block 标签实现源模板的代码重写。我们查看源模板的代码发现，模板代码以 {% block xxx %} 形式分块处理，将网页上不同的功能都一一区分了。因此，在自定义模板中使用 block 标签可对某个功能进行自定义开发。

项目运行时，程序优先查找项目文件夹 admin 的模板文件，若找不到相应的模板文件，再从 Django 中的 admin 源模板查找。在上述例子中，使用超级用户和普通用户分别进入产品信息的数据修改页面时，不同的用户角色所返回的页面会有所差异，如图 8-19 所示。

除了上述例子之外，Django 的 Admin 后台管理系统还提供了许多功能函数，具体函数的说明以及使用此处不做一一讲解，有兴趣的读者可查阅 Django 官方文档说明。

第 8 章 Admin 后台系统

 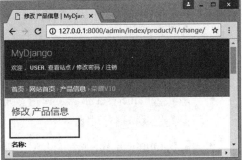

图 8-19 自定义模板

8.4 本章小结

Admin 后台管理系统也称为网站后台管理系统，主要用于对网站前台的信息进行管理，如文字、图片、影音和其他日常使用文件的发布、更新、删除等操作，也包括功能信息的统计和管理，如用户信息、订单信息和访客信息等。简单来说，就是对网站数据库和文件的快速操作和管理系统，以使网页内容能够及时得到更新和调整。

Admin 的基本设置有 App 的中文设置、模型的中文设置、Admin 网页标题和模型数据设置，说明如下。

- App 的中文设置：在 App 的初始化文件 __init__ 中重写 IndexConfig 类，设置类属性 verbose_name 即可实现。
- 模型的中文设置：在 App 的模型文件 models.py 中设置类 Meta 的类属性 verbose_name_plural 即可实现。
- Admin 网页标题：在 App 的 admin.py 中分别设置属性 admin.site.site_title 和 admin.site.site_header 即可实现。
- 模型数据设置：在 App 的 admin.py 中自定义类并且继承父类 admin.ModelAdmin，通过重写父类的属性和方法可实现自定义模型数据设置。

Admin 的二次开发主要对父类 admin.ModelAdmin 中已有的方法进行重写，实现自定义开发。常用的方法如下。

- 函数 get_readonly_fields 通过重写该函数，可以根据用户身份来控制数据的写入权限。
- 设置字段格式：首先在模型文件 models.py 中自定义函数并将处理后的模型字段作为函数返回值，然后将自定义的函数写入 admin.py 的类属性 list_display 中。
- 函数 get_queryset 根据不同用户角色设置数据的访问权限，该函数可以将一些重要的数据进行过滤。
- 函数 formfield_for_foreignkey 在新增或修改数据的时候，设置外键的可选值（下拉框的数据内容）。
- 函数 save_model 是在新增或修改数据的时候，单击"保存"按钮所触发的功能，该函数主要对输入的数据进行入库和更新处理。
- 自定义模板通过模板继承的方法实现 Admin 后台界面开发，可以根据需求改变后台界面的样式和功能。

第 9 章

Auth 认证系统

Django 除了有强大的 Admin 管理系统之外,还提供了完善的用户管理系统。整个用户管理系统可分为三大部分:用户信息、用户权限和用户组,在数据库中分别对应数据表 auth_user、auth_permission 和 auth_group。

9.1 内置 User 实现用户管理

用户管理功能已经是一个网站必备的功能之一,而 Django 内置了强大的用户管理系统,并且具有灵活的扩展性,可以满足多方面的开发需求。在创建 Django 项目时,Django 已默认使用内置用户管理系统,在 settings.py 的 INSTALLED_APPS、MIDDLEWARE 和 AUTH_PASSWORD_VALIDATORS 中可以看到相关的配置信息。

本节使用内置的用户管理系统实现用户的注册、登录、修改密码和注销功能。以

MyDjango 为例，在项目中创建新的 App，命名为 user，并且在项目的 settings.py 和 urls.py 中配置 App 的信息，代码如下：

```
# settings.py 配置信息
INSTALLED_APPS = [
    'django.contrib.admin',
    'django.contrib.auth',
    'django.contrib.contenttypes',
    'django.contrib.sessions',
    'django.contrib.messages',
    'django.contrib.staticfiles',
    'index',
    'user',
]

# 文件夹 MyDjango 的 urls.py 的 URL 地址配置
from django.contrib import admin
from django.urls import path,include
urlpatterns = [
    path('admin/', admin.site.urls),
    path('', include('index.urls')),
    path('user/', include('user.urls'))
]
```

完成 user 的基本配置后，在 App 中分别添加 urls.py 和 user.html 文件，如图 9-1 所示。

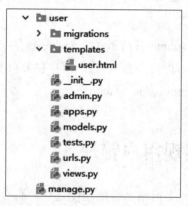

图 9-1 项目目录架构

App 中的 urls.py 主要用于接收和处理根目录的 urls.py 的请求信息。在 App 的 urls.py 中设定了 4 个不同的 URL 地址，分别代表用户登录、注册、修改密码和用户注销，代码如下：

```python
# urls.py 文件
# 设置 URL 地址信息
from django.urls import path
from . import views
urlpatterns = [
path('login.html', views.loginView, name='login'),
path('register.html', views.registerView, name='register'),
path('setpassword.html', views.setpasswordView, name='setpassword'),
path('logout.html', views.logoutView, name='logout'),
]
```

上述 URL 地址分别对应视图函数 loginView、registerView、setpasswordView 和 logoutView；参数 name 用于设置 URL 的命名，可直接在 HTML 模板上使用并生成相应的 URL 地址。在讲解视图函数之前，首先了解 HTML 模板的代码结构，代码如下：

```html
# user.html 文件
# 用户登录、注册和修改密码界面
<!DOCTYPE html>
<html lang="zh-cn">
<head>
    <meta charset="utf-8">
    <title>{{ title }}</title>
    <link rel="stylesheet" href="https://unpkg.com/mobi.css/dist/mobi.min.css">
</head>
<body>
<div class="flex-center">
    <div class="container">
    <div class="flex-center">
    <div class="unit-1-2 unit-1-on-mobile">
        <h1>MyDjango Auth</h1>
            {% if tips %}
        <div>{{ tips }}</div>
            {% endif %}
        <form class="form" action="" method="post">
            {% csrf_token %}
            <div>用户名:<input type="text" name='username'></div>
            <div>密 码:<input type="password" name='password'></div>
            {% if new_password %}
                <div>新密码:<input type="password" name='new_password'></div>
            {% endif %}
            <button type="submit" class="btn btn-primary btn-block">确定</button>
        </form>
        <div class="flex-left top-gap text-small">
```

```
                <div class="unit-2-3">
                    <a href="{{ unit_2 }}">{{ unit_2_name }}</a>
                </div>
                <div class="unit-1-3 flex-right">
                    <a href="{{ unit_1 }}">{{ unit_1_name }}</a>
                </div>
            </div>
        </div>
      </div>
  </div>
 </body>
</html>
```

一个模板分别用于实现用户登录、注册和修改密码，该模板是由两个文本输入框和一个按钮所组成的表单，在该表单下分别设置不同链接，分别指向另外两个 URL 地址，如图 9-2 所示。

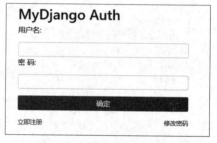

图 9-2 模板界面

当用户输入账号和密码之后，单击"确定"按钮，就会触发一个 POST 请求，该请求将表单数据发送到当前的 URL 地址，再由相应的视图函数进行处理，并将处理结果返回到浏览器上生成相应的网页。

了解 URL 和模板文件的配置后，接下来在 views.py 中实现用户登录功能，视图函数 loginView 的代码如下：

```
from django.shortcuts import render,redirect
from django.contrib.auth.models import User
from django.contrib.auth import login, logout, authenticate
# Create your views here.
def loginView(request):
    # 设置标题和另外两个 URL 链接
    title = '登录'
    unit_2 = '/user/register.html'
    unit_2_name = '立即注册'
    unit_1 = '/user/setpassword.html'
    unit_1_name = '修改密码'
    if request.method == 'POST':
        username = request.POST.get('username', '')
        password = request.POST.get('password', '')
        if User.objects.filter(username=username):
```

```
            user = authenticate(username=username, password=password)
            if user:
                if user.is_active:
                    login(request, user)
                    return redirect('/')
            else:
                tips = '账号密码错误,请重新输入'
        else:
            tips = '用户不存在,请注册'
    return render(request, 'user.html', locals())
```

上述代码结合模板文件 user.html 的变量进行分析,分析如下:

- 首先设置模板变量 title 和 unit_2 等变量值,在模板中生成相关的 URL 地址,可以从登录界面跳到注册界面或修改密码界面。

- 由于提交表单是由当前的 URL 执行处理的,因此函数 loginView 需要处理不同的请求方式,视图函数首先判断当前请求方式。如果是 POST 请求,则获取表单中两个文本框的数据内容,分别为 username 和 password,然后对模型 User 中的数据进行判断和验证,只有验证成功之后,网页才会跳转到首页,否则在登录界面上提示错误信息。

- 如果是 GET 请求,当完成模板变量赋值之后就不再做任何处理,直接将模板 user.html 生成 HTML 网页返回到浏览器上。

在整个登录过程中,我们并没有对模型 User 进行定义,而函数中使用的模型 User 来自于 Django 的内置模型,在数据库中对应的数据表为 auth_user,如图 9-3 所示。

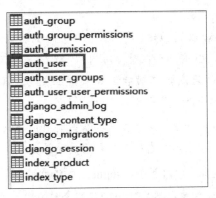

图 9-3 项目 MyDjango 数据表

打开数据表 auth_user,可以通过表字段的命名了解模型字段的含义,如图 9-4 所示。

id	password	last_login	is_superuser	username	first_name	last_name	email	is_staff	is_active	date_joined
1	pbkdf2_sha2!	2018-03-15	1	root			554301	1	1	2018-03-12 02:
4	pbkdf2_sha2!	2018-03-14	0	user1				1	1	2018-03-12 09:

图 9-4 数据表 auth_user 的字段信息

Django 默认的模型 User 共定义了 11 个字段，各个字段的含义说明如表 9-1 所示。

表9-1 User模型各个字段的说明

字段	说明
Id	int类型，数据表主键
Password	varchar类型，代表用户密码，在默认情况下使用pbkdf2_sha256方式来存储和管理用户的密码
last_login	datetime类型，最近一次登录的时间
is_superuser	tinyint类型，表示该用户是否拥有所有的权限，即是否为超级用户
Username	varchar类型，代表用户账号
first_name	varchar类型，代表用户的名字
last_name	varchar类型，代表用户的姓氏
Email	varchar类型，代表用户的邮件
is_staff	用来判断用户是否可以登录进入Admin系统
is_active	tinyint类型，用来判断该用户的状态是否被激活
date_joined	datetime类型，账号的创建时间

我们结合函数 loginView 和模型 User 的字段含义，进一步分析函数 loginView 的代码功能：

- 当函数 loginView 收到 POST 请求并获取表单的数据后，根据表单的数据判断用户是否存在。当用户存在时，对用户的账号和密码进行验证处理，由内置函数 authenticate 完成验证功能，如果验证成功，函数 authenticate 返回模型 Uesr 的数据对象 user，否则返回 None。

- 然后从对象 user 的 is_active 字段来判断当前用户的状态是否被激活，如果为 1，说明当前用户处于激活状态，可执行用户登录。

- 最后执行用户登录，由内置函数 login 完成登录过程。函数 login 接收两个参数，第一个是 request 对象，来自视图函数的参数 request；第二个是 user 对象，来自函数 authenticate 返回的对象 user。

从整个登录过程中可以发现，Django 为我们提供了完善的内置函数，可快速实现用户登录功能。为了更好地演运行结果，在 index 中分别对模板 index.html 的 <header> 标签和视图函数 index 进行修改，代码如下：

```
# 模板 index.html 的 <header> 标签
<header id="top">
    <!-- 内容显示区域：width：1211px -->
    <div id="top_box">
        <ul class="lf">
            <li><a href="#">华为官网</a></li>
            <li><a href="#">华为荣耀</a></li>
        </ul>
        <ul class="rt">
            {% if username %}
                <li>用户名：{{ username }}</li>
                <li><a href="{% url 'logout' %}">退出登录</a></li>
            {% else %}
                <li><a href="{% url 'login' %}">登录</a></li>
                <li><a href="{% url 'register' %}">注册</a></li>
            {% endif %}
        </ul>
    </div>
</header>


# views.py 的视图函数 index
def index(request):
    # 获取当前请求的用户名
    username = request.user.username
    return render(request, 'index.html', locals())
```

在浏览器上访问 http://127.0.0.1:8000/user/login.html，在用户登录界面输入用户的账号和密码，然后单击"确定"按钮，将输入的用户信息提交到视图函数 loginView 中完成登录过程，运行结果如图 9-4 所示。

图 9-4 用户登录

上述例子用于实现用户登录，接下来完成用户注册功能，用户注册的视图函数为 registerView，在 user 的 views.py 中编写函数 registerView，代码如下：

```python
def registerView(request):
    # 设置标题和另外两个URL链接
    title = '注册'
    unit_2 = '/user/login.html'
    unit_2_name = '立即登录'
    unit_1 = '/user/setpassword.html'
    unit_1_name = '修改密码'
    if request.method == 'POST':
        username = request.POST.get('username', '')
        password = request.POST.get('password', '')
        if User.objects.filter(username=username):
            tips = '用户已存在'
        else:
            user = User.objects.create_user(username=username,
                password=password)
            user.save()
            tips = '注册成功，请登录'
    return render(request, 'user.html', locals())
```

从上述代码得知，用户注册与用户登录的流程大致相同，具体说明如下：

- 当用户输入账号和密码并单击"确定"按钮后，程序将表单数据提交到函数 registerView 中进行处理。
- 函数 registerView 首先获取表单的数据内容，根据获取的数据来判断模型 User 是否存在相关的用户信息。
- 如果用户存在，直接返回到注册界面并提示用户已存在。
- 如果用户不存在，程序使用内置函数 create_user 对模型 User 进行用户创建，函数 create_user 是模型 User 特有的函数，该函数创建并保存一个 is_active= True 的 User 对象。其中，函数参数 username 不能为空，否则抛出 ValueError 异常；而模型 User 的其他字段可作为函数 create_user 的可选参数，如 email、first_name 和 password 等。如果使用过程中没有设置函数参数 password，则 User 对象的 set_unusable_password() 函数将会被调用，为当前用户创建一个随机密码。

最后在 views.py 中编写函数 setpasswordView，实现修改用户密码的功能，代码如下：

```python
# 修改密码
def setpasswordView(request):
    # 设置标题和另外两个URL链接
```

```python
        title = '修改密码'
        unit_2 = '/user/login.html'
        unit_2_name = '立即登录'
        unit_1 = '/user/register.html'
        unit_1_name = '立即注册'
        new_password = True
        if request.method == 'POST':
            username = request.POST.get('username', '')
            old_password = request.POST.get('password', '')
            new_password = request.POST.get('new_password', '')
            if User.objects.filter(username=username):
                user=authenticate(username=username,password=old_password)
                # 判断用户的账号密码是否正确
                if user:
                    user.set_password(new_password)
                    user.save()
                    tips = '密码修改成功'
                else:
                    tips = '原始密码不正确'
            else:
                tips = '用户不存在'
        return render(request, 'user.html', locals())
```

密码修改界面相比注册和登录界面多出了一个文本输入框，该文本输入框由模板变量 new_password 控制显示。当变量 new_password 为 True 时，文本输入框将显示到页面上，如图 9-5 所示。

函数 setpasswordView 的处理逻辑与上述例子也是相似的，函数处理逻辑说明如下：

- 当函数 setpasswordView 收到表单提交的请求后，程序会获取表单的数据内容，然后根据表单数据查找模型 User 相应的数据。

图 9-5 密码修改界面

- 如果用户存在，由内置函数 authenticate 验证用户的账号和密码是否正确，若验证成功，则返回 user 对象，再使用内置函数 set_password 修改对象 user 的密码，最后保存修改后的 user 对象，从而实现密码修改。

- 如果用户不存在，直接返回到界面并提示用户不存在。

密码修改主要由内置函数 set_password 实现，而函数 set_password 是在内置函数 make_password 的基础上进行封装而来的。我们知道在默认情况下，Django 使用 pbkdf2_sha256 方式来存储和管理用户密码，而内置函数 make_password 主要实现用户密码的加密功能，并且该函数可以脱离 Auth 认证系统单独使用，比如对某些特殊数据进行加密处理等。在上述例子中，使用函数 make_password 实现密码修改，代码如下：

```python
# 使用make_password实现密码修改
from django.contrib.auth.hashers import make_password
def setpasswordView_1(request):
    if request.method == 'POST':
        username = request.POST.get('username', '')
        old_password = request.POST.get('password', '')
        new_password = request.POST.get('new_password', '')
        # 判断用户是否存在
        user = User.objects.filter(username=username)
        if User.objects.filter(username=username):
            user=authenticate(username=username,password=old_password)
            # 判断用户的账号密码是否正确
            if user:
                # 密码加密处理并保存到数据库
                dj_ps=make_password(new_password,None,'pbkdf2_sha256')
                user.password = dj_ps
                user.save()
            else:
                print('原始密码不正确')
    return render(request, 'user.html', locals())
```

除了内置函数 make_password 处，还有内置函数 check_password，该函数是对加密前的密码与加密后的密码进行验证匹配，判断两者是否为同一个密码。在 PyCharm 的 Terminal 中开启 Django 的 shell 模式，函数 make_password 和 check_password 的使用方法如下：

```
E:\MyDjango>python manage.py shell
>>> from django.contrib.auth.hashers import make_password, check_password
>>> ps = "123456"
>>> dj_ps = make_password(ps, None, 'pbkdf2_sha256')
>>> dj_ps
'pbkdf2_sha256$100000$NgVcn5EaZPZe$k1gPF2gKdG09JuLdIIdNTX5EU0Kj/krRlriVr2eAjVE='
>>> ps_bool = check_password(ps, dj_ps)
>>> ps_bool
True
```

上述例子中分别讲述了用户登录、注册和密码修改的实现过程，最后只剩下用户注销，用户注销是用户管理系统较为简单的功能，调用内置函数 logout 即可实现。函数 logout 接收参数 request，代表当前用户的请求对象，来自于视图函数的参数 request。因此，视图函数 logoutView 的代码如下：

```
# 用户注销，退出登录
def logoutView(request):
    logout(request)
    return redirect('/')
```

9.2 发送邮件实现密码找回

在 9.1 节中，密码修改是在用户知道密码的情况下实现的，而在日常应用中，还有一种是在用户忘记密码的情况下实现密码修改，也称为密码找回。密码找回首先需要对用户账号进行验证，确认该账号是当前用户所拥有的，验证成功后才能给用户重置密码。用户验证方式主要有手机验证码验证和邮箱验证码验证两种，因此本章使用 Django 内置的邮件功能实现邮箱验证，从而实现密码找回功能。

在实现邮件发送功能之前，我们需要对邮箱进行相关配置，以 QQ 邮箱为例，在 QQ 邮箱的设置中找到账户设置，在账户设置中找到 POP3/IMAP/SMTP/Exchange/CardDAV/CalDAV 服务，然后开启 POP3/SMTP 服务，如图 9-6 所示。

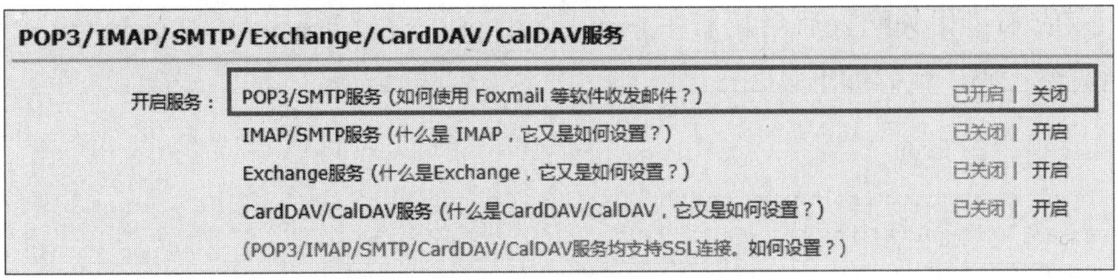

POP3/IMAP/SMTP/Exchange/CardDAV/CalDAV服务		
开启服务：	POP3/SMTP服务 (如何使用 Foxmail 等软件收发邮件？)	已开启 | 关闭
	IMAP/SMTP服务 (什么是 IMAP，它又是如何设置？)	已关闭 | 开启
	Exchange服务 (什么是Exchange，它又是如何设置？)	已关闭 | 开启
	CardDAV/CalDAV服务 (什么是CardDAV/CalDAV，它又是如何设置？)	已关闭 | 开启
	(POP3/IMAP/SMTP/CardDAV/CalDAV服务均支持SSL连接，如何设置？)	

图 9-6 开启 POP3/SMTP 服务

值得注意的是，开启服务时，QQ 邮箱会返回一个客户端授权密码，该密码是用于登录第三方邮件客户端的专用密码，切记保存授权密码，该密码在开发过程中需要使用。

本例中，我们使用 QQ 邮箱给用户发送验证邮件，因此在 Django 的 settings.py 中添加 QQ 邮箱的相关配置，配置信息如下：

```
# 邮件配置信息
EMAIL_USE_SSL = True
# 邮件服务器，如果是 163 就改成 smtp.163.com
EMAIL_HOST = 'smtp.qq.com'
# 邮件服务器端口
EMAIL_PORT = 465
# 发送邮件的账号
EMAIL_HOST_USER = '185231027@qq.com'
# SMTP 服务密码
EMAIL_HOST_PASSWORD = 'sgqcmjaxxxxxx'
DEFAULT_FROM_EMAIL = EMAIL_HOST_USER
```

上述配置是邮件发送方的邮件服务器信息，各个配置信息说明如下。

- EMAIL_USE_SSL：设置 Django 与邮件服务器的连接方式为 SSL。
- EMAIL_HOST：设置服务器的地址，该配置使用 SMTP 服务器。
- EMAIL_PORT：设置服务器端口信息，若使用 SMTP 服务器，则端口应为 465 或 587。
- EMAIL_HOST_USER：发送邮件的账号，该账号必须开启 POP3/SMTP 服务。
- EMAIL_HOST_PASSWORD：客户端授权密码，即图 9-6 开启服务后所获得的授权码。
- DEFAULT_FROM_EMAIL：设置默认发送邮件的账号。

完成邮箱相关配置后，我们在 user 的 urls.py、模板 user.html 和 views.py 中编写功能实现代码，代码如下：

```
# urls.py 代码
from django.urls import path
from . import views
urlpatterns = [
path('findPassword.html', views.findPassword, name='findPassword'),
]

# 模板 user.html
<!DOCTYPE html>
<html lang="zh-cn">
<head>
    <meta charset="utf-8">
    <title>找回密码</title>
    <link rel="stylesheet" href="https://unpkg.com/mobi.css/dist/mobi.min.css">
```

```html
        </head>
    <body>
    <div class="flex-center">
        <div class="container">
        <div class="flex-center">
        <div class="unit-1-2 unit-1-on-mobile">
            <h1>MyDjango Auth</h1>
                {% if tips %}
            <div>{{ tips }}</div>
                {% endif %}
            <form class="form" action="" method="post">
                {% csrf_token %}
                <div>用户名:<input type="text" name='username' value="{{ username }}"></div>
                <div>验证码:<input type="text" name='VerificationCode'></div>
                {% if new_password %}
                    <div>新密码:<input type="password" name='password'></div>
                {% endif %}
                <button type="submit" class="btn btn-primary btn-block">{{ button }}</button>
            </form>
        </div>
        </div>
        </div>
    </div>
    </body>
    </html>
```

```python
# views.py 的视图函数 findPassword
import random
from django.shortcuts import render
from django.contrib.auth.models import User
from django.contrib.auth.hashers import make_password

# 找回密码
def findPassword(request):
    button = '获取验证码'
    new_password = False
    if request.method == 'POST':
        username = request.POST.get('username', 'root')
        VerificationCode = request.POST.get('VerificationCode', '')
        password = request.POST.get('password', '')
        user = User.objects.filter(username=username)
        # 用户不存在
        if not user:
            tips = '用户' + username + '不存在'
        else:
```

```python
            # 判断验证码是否已发送
            if not request.session.get('VerificationCode', ''):
                # 发送验证码并将验证码写入session
                button = '重置密码'
                tips = '验证码已发送'
                new_password = True
                VerificationCode = str(random.randint(1000, 9999))
                request.session['VerificationCode'] = VerificationCode
                user[0].email_user('找回密码', VerificationCode)
            # 匹配输入的验证码是否正确
            elif VerificationCode == request.session.get('VerificationCode'):
                # 密码加密处理并保存到数据库
                dj_ps = make_password(password, None, 'pbkdf2_sha256')
                user[0].password = dj_ps
                user[0].save()
                del request.session['VerificationCode']
                tips = '密码已重置'
            # 输入验证码错误
            else:
                tips = '验证码错误，请重新获取'
                new_password = False
                del request.session['VerificationCode']
    return render(request, 'user.html', locals())
```

用户第一次访问 http://127.0.0.1:8000/user/findPassword.html 的时候，触发了 GET 请求，视图函数 findPassword 直接将模板 user.html 返回，如图 9-7 所示。

当输入用户名并单击"获取验证码"按钮的时候，触发了 POST 请求，视图函数 findPassword 首先根据用户输入的用户名和模型 User 里的数据进行查找，判断用户名是否存在，若不存在，则会生成提示信息，如图 9-8 所示。

图 9-7 密码找回的网页信息　　　　　　　图 9-8 用户不存在

如果用户存在，接着判断会话 session 的 VerificationCode 是否存在。若不存在，则视图函数 findPassword 通过发送邮件的方式将验证码发到该用户的邮箱，验证码是使用 random 模块随机生成的 4 位数，然后将验证码写入会话 session 的 VerificationCode，其作用是与用户输入的验证码进行匹配。邮件发送是由内置函数 email_user 实现的，该方法是模型 User 特有的方法之一，只适用于模型 User。需要注意的是，用户的邮箱来自于模型 User 的字段 email，如果当前用户的邮箱信息为空，邮件是无法发送出去的。邮件发送如图 9-9 所示。

图 9-9 邮件发送

用户接收到验证码之后，可在网页上输入验证码，然后单击"重置密码"按钮，这时会触发 POST 请求，函数 findPassword 获取用户输入的验证码并与会话 session 的 VerificationCode 进行对比，如果两者不符合，说明用户输入的验证码与邮件中的验证码不一样，系统提示验证码错误，如果 9-10 所示。

图 9-10 验证码错误

若用户输入的验证码与会话 session 的 VerificationCode 相符合，那么程序会执行密码修改。首先会获取用户输入的密码，然后使用函数 make_password 对密码加密处理并保存在模型 User 中，最后删除会话 session 的 VerificationCode，否则会话 session 一直存在，在下次获取验证码时，程序不会执行邮件发送功能。运行结果如图 9-11 所示。

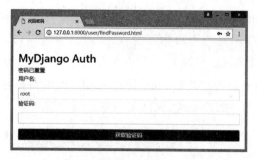

图 9-11 重置密码

除了使用内置函数 email_user 实现邮件发送之外，Django 还另外提供多种邮件发送方法。我们在 Django 的 shell 模式下进行讲解，代码如下：

```
E:\MyDjango>python manage.py shell
# 使用 send_mail 实现邮件发送
>>> from django.core.mail import send_mail
>>> from django.conf import settings
# 获取 settings.py 的配置信息
>>> from_email = settings.DEFAULT_FROM_EMAIL
# 发送邮件，接收邮件以列表表示，说明可设置多个接收对象
>>> send_mail('MyDjango', 'This is Django', from_email, ['554301449@qq.com'])
1

# 使用 send_mass_mail 实现多封邮件同时发送
>>> from django.core.mail import send_mass_mail
>>> message1 = ('MyDjango', 'This is Django', from_email, ['554301449@qq.com'])
>>> message2 = ('MyDjango', 'Hello Django', from_email, ['554301449@qq.com'])
>>> send_mass_mail((message1, message2), fail_silently=False)
2

# 使用 EmailMultiAlternatives 实现邮件发送
>>> from django.core.mail import EmailMultiAlternatives
>>> content = '<p>这是一封<strong>重要的</strong>邮件。</p>'
>>> msg = EmailMultiAlternatives('MyDjango', content, from_email, ['554301449@qq.com'])
# 将正文设置为 HTML 格式
>>> msg.content_subtype = 'html'
# attach_alternative 对正文内容进行补充和添加
>>> msg.attach_alternative('<strong>This is from Django</strong>', 'text/html')
# 添加附件（可选）
```

```
>>> msg.attach_file('E://attachfile.csv')
# 发送
>>> msg.send()
1
```

上述例子中分别讲述了 send_mail、send_mass_mail 和 EmailMultiAlternatives 的使用方法，方法说明如下：

- 使用 send_mail 每次发送邮件都会建立一个新的连接，如果发送多封邮件，就需要建立多个连接。
- send_mass_mail 是建立单个连接发送多封邮件，所以一次性发送多封邮件时，send_mass_mail 要优于 send_mail。
- EmailMultiAlternatives 比前面两者更为个性化，可以设置邮件正文内容为 HTML 格式，也可以在邮件上添加附件，满足多方面的开发需求。

9.3 扩展 User 模型

在开发过程中，模型 User 的字段可能满足不了复杂的开发需求。现在大多数网站的用户信息都有用户的手机号码、QQ 号码和微信号码等一系列个人信息。为了满足各种需求，Django 提供了 4 种模型扩展的方法。

- 代理模型：这是一种模型继承，这种模型在数据库中无须创建新数据表。一般用于改变现有模型的行为方式，如增加新方法函数等，并且不影响现有数据库的结构。当不需要在数据库中存储额外的信息，而需要增加操作方法或更改模型的查询管理方式时，适合使用代理模型来扩展现有 User 模型。
- Profile 扩展模型 User：当存储的信息与模型 User 相关，而且并不改变模型 User 原有的认证方法时，可定义新的模型 MyUser，并设置某个字段为 OneToOneField，这样能与模型 User 形成一对一关联，该方法称为用户配置（User Profile）。
- AbstractBaseUser 扩展模型 User：当模型 User 的内置方法并不符合开发需求时，可使用该方法对模型 User 重新自定义设计，该方法对模型 User 和数据库架构影响很大。
- AbstractUser 扩展模型 User：如果模型 User 内置的方法符合开发需求，在不改变这些函数方法的情况下，添加模型 User 的额外字段，可通过 AbstractUser 方式实现。使用 AbstractUser 定义的模型会替换原有模型 User。

上述 4 种方法各有优缺点，一般情况下，建议使用 AbstractUser 扩展模型 User，因为该方式对原有模型 User 影响较少而且无须额外创建数据表。下面以 MyDjango 项目为例讲解如何使用 AbstractUser 扩展模型 User。首先在 MySQL 中找到项目所使用的数据库，并清除该数据库中全部的数据表，在 user 的 models.py 文件中定义模型 MyUser，代码如下：

```python
# models.py
from django.db import models
from django.contrib.auth.models import AbstractUser
class MyUser(AbstractUser):
    qq = models.CharField('QQ 号码', max_length=16)
    weChat = models.CharField('微信账号', max_length=100)
    mobile = models.CharField('手机号码', max_length=11)
    # 设置返回值
    def __str__(self):
        return self.username
```

模型 MyUser 继承自 AbstractUser 类，AbstractUser 类已有内置模型 User 的字段属性，因此模型 MyUser 具有模型 User 的全部属性。在执行数据迁移（创建数据表）之前，必须要在项目的 settings.py 中配置相关信息，配置信息如下：

```python
# settings.py
AUTH_USER_MODEL = 'user.MyUser'
```

配置信息是将内置模型 User 替换成 user 定义的模型 MyUser，若没有设置配置信息，在创建数据表的时候，会分别创建数据表 auth_user 和 user_myuser。在 PyCharm 的 Terminal 下执行数据迁移，代码如下：

```
E:\MyDjango>python manage.py makemigrations
Migrations for 'user':
  user\migrations\0002_auto_20180320_1512.py
    - Alter field mobile on myuser
    - Alter field qq on myuser

E:\MyDjango>python manage.py migrate
```

完成数据迁移后，打开数据库查看数据表信息，可以发现内置模型 User 的数据表 auth_user 改为数据表 user_myuser，并且数据表 user_myuser 的字段除了具有内置模型 User 的字段之外，还额外增加了自定义的字段，如图 9-12 所示。

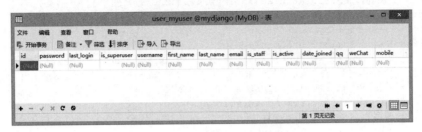

图 9-12　数据表 user_myuser

上述例子使用 AbstractUser 扩展模型 User，实现过程可分为两个步骤：

- 定义新的模型 MyUser，该模型必须继承 AbstractUser 类，在模型 MyUser 下定义的字段为扩展字段。
- 在项目的配置文件 settings.py 中配置 AUTH_USER_MODEL 信息，在数据迁移时，将内置模型 User 替换成 user 定义的模型 MyUser。

完成模型 User 的扩展后，接着探讨模型 MyUser 与内置模型 User 在实际开发过程中是否存在使用上的差异。首先使用 python manage.py createsuperuser 创建超级用户并登录 Admin 后台管理系统，如图 9-13 所示。

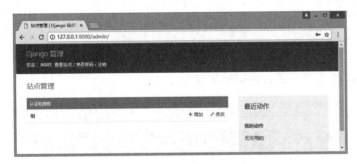

图 9-13　Admin 后台管理系统

从图 9-13 中发现，认证与授权没有用户信息表，因为模型 MyUser 是在 user 的 models.py 中定义的。若将模型 MyUser 展示在后台系统，则可以在 user 的 admin.py 中定义相关数据对象，代码如下：

```
# admin.py
from django.contrib import admin
```

```python
from .models import MyUser
from django.contrib.auth.admin import UserAdmin
from django.utils.translation import gettext_lazy as _
@admin.register(MyUser)
class MyUserAdmin(UserAdmin):
    list_display = ['username','email','mobile','qq','weChat']
    # 修改用户时,在个人信息里添加 'mobile'、'qq'、'weChat' 的信息录入
    # 将源码的 UserAdmin.fieldsets 转换成列表格式
    fieldsets = list(UserAdmin.fieldsets)
    # 重写 UserAdmin 的 fieldsets,添加 'mobile'、'qq'、'weChat' 的信息录入
    fieldsets[1] = (_('Personal info'),
{'fields': ('first_name', 'last_name', 'email', 'mobile', 'qq', 'weChat')})

# __init__.py
# 设置 App(user)的中文名
from django.apps import AppConfig
import os
# 修改 app 在 admin 后台显示名称
# default_app_config 的值来自 apps.py 的类名
default_app_config = 'user.IndexConfig'

# 获取当前 app 的命名
def get_current_app_name(_file):
    return os.path.split(os.path.dirname(_file))[-1]

# 重写类 IndexConfig
class IndexConfig(AppConfig):
    name = get_current_app_name(__file__)
    verbose_name = '用户管理'
```

重启 MyDjango 项目并进入 Admin 后台管理系统,可以在界面上看到模型 MyUser 所生成的用户信息表,如图 9-14 所示。

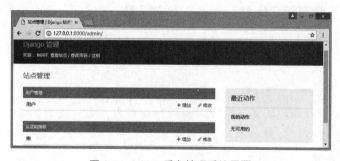

图 9-14 Admin 后台管理系统界面

进入用户信息表并修改某个用户信息的时候,发现用户信息的修改界面出现用户

的手机号码、QQ号码和微信号码的文本输入框，这是由MyUserAdmin类中重写属性fieldsets实现的，如图9-15所示。

图9-15 修改用户信息

上述例子中，admin.py定义的MyUserAdmin继承自UserAdmin，UserAdmin是内置模型User的Admin数据对象，源码可在Python安装目录Lib\site-packages\django\contrib\auth\admin.py中查看。因此，在定义MyUserAdmin时，直接继承UserAdmin，并通过重写某些属性，可以快速开发扩展模型MyUser的Admin后台数据对象。

除了继承UserAdmin的Admin数据对象之外，还可以在表单中继承内置模型User所定义的表单类。内置表单类可以在Python安装目录Lib\site-packages\django\contrib\auth\forms.py下查看源码。从源码中发现，forms.py定义了多个内置表单类，其说明如表9-2所示。

表9-2 forms.py的内置表单类

表单类	表单字段	说明
UserCreationForm	username，password1，password2	创建新的用户信息
UserChangeForm	password，模型User全部字段	修改已有的用户信息
AuthenticationForm	username，password	用户登录时所触发的认证功能
PasswordResetForm	email	将重置密码通过发送邮件方式实现密码找回
SetPasswordForm	password1，password2	修改或新增用户密码，设置密码时，无须对旧密码进行验证

（续表）

表单类	表单字段	说明
PasswordChangeForm	old_password，new_password1，new_password2	继承SetPasswordForm，修改密码前需要对旧密码进行验证
AdminPasswordChangeForm	password1，password2	用于Admin后台修改用户密码

从上述内置的表单类可以发现，这些表单类都涉及模型 User 的字段，这说明这些表单都是在内置模型 User 的基础上实现的。因此，我们为扩展模型 MyUser 定义相关的表单类可以继承上述的表单类。以 UserCreationForm 为例，使用表单类 UserCreationForm 实现用户注册功能。在 user 中创建 form.py 文件，并在文件下编写以下代码：

```
# form.py
from django.contrib.auth.forms import UserCreationForm
from .models import MyUser

class MyUserCreationForm(UserCreationForm):
    class Meta(UserCreationForm.Meta):
        model = MyUser
        # 在注册界面添加邮箱、手机号码、微信号码和 QQ 号码
        fields = UserCreationForm.Meta.fields + ('email', 'mobile', 'weChat', 'qq')
```

自定义表单类 MyUserCreationForm 继承自表单类 UserCreationForm，并且重写类 Meta 的属性 model 和属性 fields，分别重新设置表单类所绑定的模型和字段。然后在模板 user.html 和视图函数 registerView 中编写以下代码，代码如下：

```
# 模板 user.html
<!DOCTYPE html>
<html lang="zh-cn">
<head>
    <meta charset="utf-8">
    <title>用户注册</title>
    <link rel="stylesheet" href="https://unpkg.com/mobi.css/dist/mobi.min.css">
</head>
<body>
    <div class="flex-center">
        <div class="container">
```

```html
            <div class="flex-center">
            <div class="unit-1-2 unit-1-on-mobile">
                <h1>MyDjango Auth</h1>
                    {% if tips %}
                <div>{{ tips }}</div>
                    {% endif %}
                <form class="form" action="" method="post">
                    {% csrf_token %}
                    <div>用户名:{{ user.username }}</div>
                    <div>邮　箱:{{ user.email }}</div>
                    <div>手机号:{{ user.mobile }}</div>
                    <div>Q Q 号:{{ user.qq }}</div>
                    <div>微信号:{{ user.weChat }}</div>
                    <div>密　码:{{ user.password1 }}</div>
                    <div>密码确认:{{ user.password2 }}</div>
                    <button type="submit" class="btn btn-primary btn-block">注　册</button>
                </form>
            </div>
        </div>
    </div>
</div>
</body>
</html>
```

```python
# views.py 的视图函数 registerView
from django.shortcuts import render
from .form import MyUserCreationForm
# 使用表单实现用户注册
def registerView(request):
    if request.method == 'POST':
        user = MyUserCreationForm(request.POST)
        if user.is_valid():
            user.save()
            tips = '注册成功'
            user = MyUserCreationForm()
    else:
        user = MyUserCreationForm()
    return render(request, 'user.html',locals())
```

从上述代码可以看到，视图函数 registerView 使用表单类 MyUserCreationForm 实现用户注册功能，功能说明如下：

- 当用户在浏览器上访问 http://127.0.0.1:8000/user/register.html 时，视图函数首先将表单类 MyUserCreationForm 实例化后传给模板，在网页上生成用户注册的表单界面。

- 输入用户信息并单击"注册"按钮，程序将表单数据交给表单类 MyUserCreationForm 处理并生成 user 对象。
- 最后验证 user 对象的数据格式，若验证成功通过，则将数据保存到数据表 user_myuser 中，如图 9-16 所示。

图 9-16 数据表 user_myuser

> 提示：注册用户的时候，Django 对密码的安全强度有严格的要求，建议读者设置安全强度较高的密码，否则密码过于简单会无法完成注册。

9.4 设置用户权限

用户权限主要是对不同的用户设置不同的功能使用权限，而每个功能主要以模型来划分。以 9.3 节的 MyDjango 项目为例，在 Admin 后台管理系统可以查看并设置用户权限，如图 9-17 所示。

图 9-17 用户权限设置

图 9-17 左边列表框中列出了整个项目的用户权限，以 user| 用户 |Can add user 为例：

- user 代表项目的 App。
- 用户代表 App 所定义的模型 MyUser。
- Can add user 代表该权限可对模型 MyUser 执行新增操作。

一般情况下，在执行数据迁移时，每个模型默认拥有增（add），改（change），删（delete）权限。数据迁移完成后，可以在数据库中查看数据表 auth_permission 的数据信息，每条数据信息代表项目中某个模型的某个权限，如图 9-18 所示。

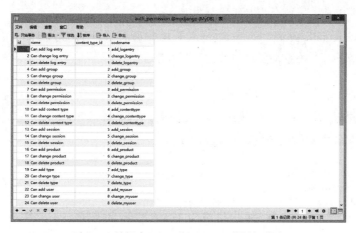

图 9-18 数据表 auth_permission 的数据信息

设置用户权限实质上是对数据表 user_myuser 和 auth_permission 之间的数据设置多对多关系。首先需要了解用户、用户权限和用户组三者之间的关系，以 MyDjango 的数据表为例，如图 9-19 所示。

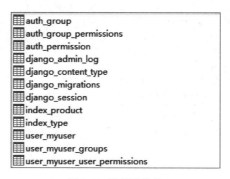

图 9-19 数据库结构

从整个项目的数据表可以看到，用户、用户权限和用户组分别对应数据表 user_myuser、auth_permission 和 auth_group。无论是设置用户权限、设置用户所属用户组还是设置用户组的权限，其实质都是对两个数据表之间的数据建立多对多的数据关系，说明如下：

- 数据表 user_myuser_user_permissions：管理数据表 user_myuser 和 auth_permission 之间的多对多关系，实现用户权限设置。
- 数据表 user_myuser_groups：管理数据表 user_myuser 和 auth_group 之间的多对多关系，实现在用户组设置用户。
- 数据表 auth_group_permissions：管理数据表 auth_group 和 auth_permission 之间的多对多关系，实现用户组设置权限。

实现用户的权限设置需要注意：如果用户角色是超级用户，该用户是无须设置权限的，用户权限只适用于非超级用户。我们在 PyCharm 的 Terminal 下开启 Django 的 shell 模式来实现用户权限设置，代码如下：

```
E:\MyDjango>python manage.py shell
# 导入模型 MyUser
>>> from user.models import MyUser
# 查询用户信息，filter 查询返回列表格式，因此设置列表索引获取 User 对象
>>> user = MyUser.objects.filter(username='user1')[0]
# 判断当前用户是否具有权限 add_product
# index.add_product 为固定写法，index 为项目的 App 名，add_product 是数据表 auth_permission 的字段 codename
>>> user.has_perm('index.add_product')
False
# 导入模型 Permission
>>> from django.contrib.auth.models import Permission
# 在权限管理表获取权限 add_product 的数据对象 permission
>>> permission = Permission.objects.filter(codename='add_product')[0]
# 对当前用户对象 user 设置权限 add_product
>>> user.user_permissions.add(permission)
# 再次判断当前用户是否具有权限 add_product
>>> user.has_perm('index.add_product')
True
```

上述代码对用户名为 user1 的用户设置了产品信息的新增权限，打开数据表 user_myuser_user_permissions 可以看到新增了一条数据，如图 9-20 所示。

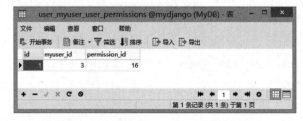

图 9-20 数据表 user_myuser_user_permissions

数据表的字段 myuser_id 和 permission_id 分别是数据表 user_myuser 和 auth_permission 的主键，图 9-20 上的每一条数据代表某个用户具有某个模型的某个操作权限。除了添加权限之外，还可以对用户的权限进行删除和查询，代码如下：

```
>>> user = MyUser.objects.filter(username='user1')[0]
>>> permission = Permission.objects.filter(codename='add_product')[0]
# 删除某条权限
>>> user.user_permissions.remove(permission)
# 判断是否已删除权限，若为 False，说明删除成功。函数 has_perm 用于判断用户是否拥有权限
>>> user.has_perm('index.add_product')
False
# 清空当前用户全部权限
>>> user.user_permissions.clear()
# 获取当前用户所拥有的权限信息
# 将上述删除的权限添加到数据表再查询
>>> user.user_permissions.add(permission)
>>> user.user_permissions.values()
<QuerySet [{'content_type_id': 6, 'codename': 'add_product', 'name': 'Can add product', 'id': 16}]>
```

9.5 自定义用户权限

一般情况下，每个模型默认拥有增（add），改（change），删（delete）权限。但实际开发中，可能要对某个模型设置特殊的权限，比如设置访问权限。为了解决这种情况，在定义模型的时候，可以在模型的 Meta 中设置自定义权限。以 MyDjango 为例，对 index 的模型 Product 重新定义，代码如下：

```
class Product(models.Model):
    id = models.AutoField('序号', primary_key=True)
    name = models.CharField('名称',max_length=50)
    weight = models.CharField('重量',max_length=20)
    size = models.CharField('尺寸',max_length=20)
    type = models.ForeignKey(Type, on_delete=models.CASCADE,verbose_name='产品类型')
    # 设置返回值
    def __str__(self):
        return self.name
    class Meta:
        # 自定义权限
        permissions = (
            ('visit_Product', 'Can visit Product'),
        )
```

定义模型 Product 的时候，通过重写父类 models.Model 的 permissions 属性可实现自定义用户权限。该属性以元组或列表的数据格式表示，每个元素代表一个权限，也是以元组或列表表示。在一个权限中含有两个元素，如 ('add_Product', 'Can create Product')，add_Product 和 Can create Product 分别是数据表 auth_permission 的 codename 和 name 字段。

在数据库中清除 MyDjango 原有的数据表，并在 PyCharm 的 Terminal 中重新执行数据迁移，指令代码如下：

```
E:\MyDjango>python manage.py makemigrations
Migrations for 'index':
  index\migrations\0001_initial.py
    - Create model Product
    - Create model Type
    - Add field type to product
E:\MyDjango>python manage.py migrate
```

指令执行完成后，在数据库中打开数据表 auth_permission，可以找到自定义权限 visit_Product，如图 9-21 所示。

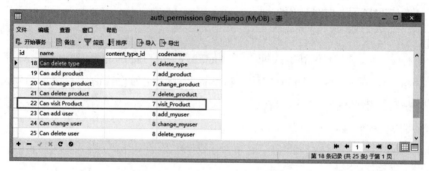

图 9-21 自定义权限 visit_Product

9.6 设置网页的访问权限

通过前面的学习，相信大家对 Django 的内置权限功能有一定的了解。在本节中，我们会结合实际的例子讲述如何在实际开发中使用用户权限，以 MyDjango 为例，数据表 auth_permission 已自定义权限 visit_Product，数据表 user_myuser 分别创建了一名超级用户和一名普通用户，如图 9-22 所示。

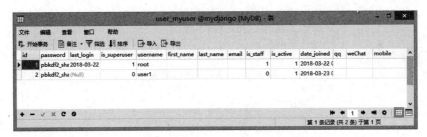

图 9-22 数据表 user_myuser 的用户信息

本例需要将项目的 index 和 user 结合使用。index 主要将权限应用到开发中,而 user 主要用于用户的注册、登录和退出登录,用于检验 index 的应用效果。

首先讲解 user 的开发流程,我们分别对路由 urls.py、视图 views.py 和模板 user.html 进行相应开发,共同完成用户的注册、登录和退出登录,代码如下:

```python
# 路由 urls.py
from django.urls import path
from . import views
urlpatterns = [
# 用户登录
path('login.html', views.loginView, name='login'),
# 用户注册
path('register.html', views.registerView, name='register'),
# 退出登录
path('logout.html', views.logoutView, name='logout'),
]

# 视图 views.py
from django.shortcuts import render, redirect
from .models import MyUser
from django.contrib.auth.models import Permission
from django.contrib.auth import login, authenticate, logout

# 用户登录
def loginView(request):
    tips = '请登录'
    title = '用户登录'
    if request.method == 'POST':
        username = request.POST.get('username', '')
        password = request.POST.get('password', '')
        if MyUser.objects.filter(username=username):
            user = authenticate(username=username, password=password)
            if user:
                if user.is_active:
```

```python
                        # 登录当前用户
                        login(request, user)
                        return redirect('/')
                else:
                    tips = '账号密码错误，请重新输入'
            else:
                tips = '用户不存在，请注册'
        return render(request, 'user.html', locals())

    # 用户注册
    def registerView(request):
        title = '用户注册'
        if request.method == 'POST':
            username = request.POST.get('username', '')
            password = request.POST.get('password', '')
            if MyUser.objects.filter(username=username):
                tips = '用户已存在'
            else:
                user = MyUser.objects.create_user(username=username, password=password)
                user.save()
                # 添加权限
                permission = Permission.objects.filter(codename='visit_Product')[0]
                user.user_permissions.add(permission)
                return redirect('/user/login.html')
        return render(request, 'user.html', locals())

    # 退出登录
    def logoutView(request):
        logout(request)
        return redirect('/')

    # 模板 user.html
    <!DOCTYPE html>
    <html lang="zh-cn">
    <head>
        <meta charset="utf-8">
        <title>{{ title }}</title>
        <link rel="stylesheet" href="https://unpkg.com/mobi.css/dist/mobi.min.css">
    </head>
    <body>
    <div class="flex-center">
        <div class="container">
        <div class="flex-center">
        <div class="unit-1-2 unit-1-on-mobile">
```

```html
        <h1>MyDjango Auth</h1>
            {% if tips %}
        <div>{{ tips }}</div>
            {% endif %}
        <form class="form" action="" method="post">
            {% csrf_token %}
            <div>用户名:<input type="text" name='username'></div>
            <div>密  码:<input type="password" name='password'></div>
            <button type="submit" class="btn btn-primary btn-block">确定</button>
        </form>
      </div>
     </div>
    </div>
 </div>
 </body>
 </html>
```

上述代码主要实现一个简单的操作流程，流程顺序为用户注册→用户登录→访问首页，具体实现过程如下：

- 首先用户访问用户注册界面，输入新的用户信息并单击"确定"按钮，提交用户注册信息到网站后台。
- 后台的视图函数 registerView 接收表单数据，判断当前注册的用户是否存在。如果用户不存在，将表单数据保存到数据表 user_myuser 中，创建新的用户信息。
- 默认情况下，新创建的用户是没有设置任何权限的，视图函数对新创建的用户设置 visit_Product 权限。注册成功后，程序会自动跳转到用户登录界面。
- 在用户登录界面输入新创建的用户信息，完成用户登录后，程序会自动跳转到网站的首页。

在 user 中实现了用户的权限设置，为新创建的用户添加 visit_Product 权限，接着在 index 中实现用户权限的校验。在 index 的路由 urls.py、视图 views.py 和模板 index.html 中分别编写以下代码：

```python
# 路由urls.py
from django.urls import path
from . import views
urlpatterns = [
    # 首页的URL
```

```python
        path('', views.index),
]

# 视图views.py
from django.shortcuts import render
from django.contrib.auth.decorators import login_required, permission_required
# 使用login_required和permission_required分别对用户登录验证和用户权限验证
@login_required(login_url='/user/login.html')
@permission_required(perm='index.visit_Product', login_url='/user/login.html')
def index(request):
    return render(request, 'index.html', locals())
```

在视图函数 index 中使用了装饰器 login_required 和 permission_required，分别对当前用户的登录状态和用户权限进行校验，说明如下。

login_required：设置用户登录访问权限。如果当前用户尚未在用户登录界面完成登录而直接访问首页，程序自动跳转到登录界面，只有用户完成登录后才能访问首页。login_required 的参数有 redirect_field_name 和 login_url。

- 参数 redirect_field_name：默认值是 next。当登录成功之后，程序会自动跳回之前浏览的网页。
- 参数 login_url：设置登录界面的 URL 地址。默认值是 settings.py 的属性 LOGIN_URL，而属性 LOGIN_URL 需要开发者自行在 settings.py 中配置。

permission_required：验证当前用户是否拥有相应的权限。若用户没有使用权限，程序会跳转到登录界面或者抛出异常。permission_required 的参数如下。

- 参数 perm：必需参数，判断当前用户是否拥有权限。参数值为固定格式，如 index.visit_Product，index 为项目的 App 名，visit_product 来自数据表 auth_permission 的字段 codename。
- 参数 login_url：设置登录界面的 URL 地址，默认值为 None。若不设置参数，验证失败后会抛出 404 异常。
- 参数 raise_exception：设置抛出异常，默认值为 False。

装饰器 permission_required 的作用与内置函数 has_perm 相同，上述代码也可以使用函数 has_perm 实现装饰器 permission_required 的功能，代码如下：

```python
# 使用函数 has_perm 实现装饰器 permission_required 功能
from django.shortcuts import render, redirect
@login_required(login_url='/user/login.html')
def index(request):
    user = request.user
    if user.has_perm('index.visit_Product'):
        return render(request, 'index.html', locals())
    else:
        return redirect('/user/login.html')
```

最后在模板 index.html 中实现用户权限判断，这也是权限校验的使用方法之一。模板 index.html 的 \<header\> 标签代码修改如下：

```
<header id="top">
<!-- 内容显示区域 : width : 1211px -->
<div id="top_box">
<ul class="lf">
    <li><a href="#"> 华为官网 </a></li>
    <li><a href="#"> 华为荣耀 </a></li>
</ul>
<ul class="rt">
    {# 在模板中使用 user 变量是一个 User 或者 AnoymousUser 对象，该对象由模型 MyUser 实例化 #}
    {% if user.is_authenticated %}
        <li>用户名：{{ user.username }}</li>
        <li><a href="{% url 'logout' %}"> 退出登录 </a></li>
    {% endif %}
    {# 在模板中使用 perms 变量是 Permission 对象，该对象由模型 Permission 实例化 #}
    {% if perms.index.add_product %}
        <li>添加产品信息 </li>
    {% endif %}
</ul>
</div>
</header>
```

在模板 index.html 中分别使用变量 user 和 perms，但从视图函数 index 中可以发现，视图函数并没有将变量 user 和 perms 传递给模板。其实变量 user 和 perms 是由 Django 自动生成的，变量的生成与配置文件 settings.py 的 TEMPLATES 设置有关，我们查看 settings.py 的 TEMPLATES 配置信息，代码如下：

```
TEMPLATES = [
    {
        'BACKEND': 'django.template.backends.django.DjangoTemplates',
        'DIRS': [os.path.join(BASE_DIR, 'index/templates'),
                 os.path.join(BASE_DIR, 'user/templates'),],
```

```
            'APP_DIRS': True,
            'OPTIONS': {
                'context_processors': [
                    'django.template.context_processors.debug',
                    'django.template.context_processors.request',
                    'django.contrib.auth.context_processors.auth',
                    'django.contrib.messages.context_processors.messages',
                ],
            },
        },
    ]
```

因为 TEMPLATES 中定义了处理器集合 context_processors，所以在解析模板 Template 之前，Django 首先依次运行处理器集合的程序。当运行到处理器 django.contrib.auth.context_processors.auth 时，程序会生成变量 user 和 perms，并且将变量传入模板变量 TemplateContext 中，所以在模板中可以直接使用变量 user 和 perms。

从上述例子可以看到，项目的 user 主要实现权限的设置功能；项目的 index 主要实现权限的使用，权限的使用主要判断当前用户是否具有权限的使用资格，而权限的判断可以从视图函数或模板语法实现。在浏览器上分别使用超级用户和普通用户登录网站，两者的首页信息如图 9-23 所示。

图 9-23 左图是普通用户登录后的首页信息，右图是超级用户登录后的首页信息

9.7 设置用户组

顾名思义，用户组就是对用户进行分组管理，其作用是在权限控制中可以批量地对用户的权限进行分配，而不用一个一个地按用户分配，节省维护的工作量。将一个用户加入一个用户组，该用户就拥有该用户组所分配的所有权限。例如用户组 teachers 拥有权限 can_create_lesson，那么所有属于 teachers 的用户都会有 can_create_lesson 权限。

我们知道用户、权限和用户组三者之间是多对多的数据关系，而用户组可以理解为用户和权限之间的中转站。设置用户组分为两个步骤：设置用户组的权限和设置用户组的用户。

设置用户组的权限主要对数据表 auth_group 和 auth_permission 构建多对多的数据关系，数据关系保存在数据表 auth_group_permissions 中。以 MyDjango 为例，其数据库结构如图 9-24 所示。

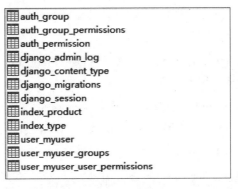

图 9-24 数据库结构

在数据表 auth_group 中创建三条数据信息：产品信息、产品类型和用户管理，每条信息在项目中代表一个用户组，如图 9-25 所示。

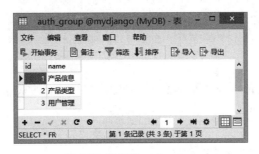

图 9-25 数据表 auth_group

我们在 PyCharm 的 Terminal 中使用 Django 的 shell 模式来实现用户组的权限配置，代码如下：

```
# 用户组的权限配置
# 导入内置模型 Group 和 Permission
>>> from django.contrib.auth.models import Group
```

```
>>> from django.contrib.auth.models import Permission
# 获取某个权限对象permission
>>> permission = Permission.objects.get(codename='visit_Product')
# 获取某个用户组对象group
>>> group = Group.objects.get(id=1)
# 将权限permission添加到用户组group中
>>> group.permissions.add(permission)
```

上述代码将 visit_Product 权限添加到用户组（产品信息），功能实现过程如下：

- 从数据表 auth_group 获取用户组（产品信息）对象 group，对象 group 代表数据表中某一条数据。

- 从数据表 auth_permission 获取权限（visit_Product）对象 permission，对象 permission 代表数据表中某一条数据。

- 使用 permissions.add 方法将权限对象 permission 与用户组对象 group 构建多对多数据关系并保存在数据表 auth_group_permissions 中。查看数据表 auth_group_permissions，数据信息如图 9-26 所示。

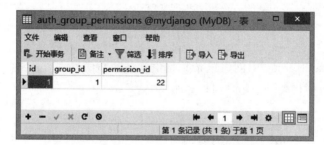

图 9-26 数据表 auth_group_permissions

除了添加用户组的权限之外，还可以删除用户组已有的权限，代码如下：

```
# 删除当前用户组group的visit_Product权限
>>> group.permissions.remove(permission)
# 删除当前用户组group的全部权限
>>> group.permissions.clear()
```

设置用户组的用户主要对数据表 auth_group 和 user_myuser 构建多对多数据关系，数据关系保存在数据表 user_myuser_groups 中。在 Django 的 shell 模式下实现用户组的用户设置，代码如下：

```
# 将用户分配到用户组
# 导入模型Group和MyUser
```

```
>>> from user.models import MyUser
>>> from django.contrib.auth.models import Group
# 获取用户对象 user，对象 user 代表用户名为 user1 的数据信息
>>> user = MyUser.objects.get(username='user1')
# 获取用户组对象 group，对象 group 代表用户组（产品信息）的数据信息
>>> group = Group.objects.get(id=1)
# 将用户添加到用户组
>>> user.groups.add(group)
```

上述代码将用户名为 user1 的用户添加到用户组（产品信息），功能实现过程与用户组的权限设置是相似的，只不过两者所使用的模型有所不同。查看数据表 user_myuser_groups，数据信息如图 9-27 所示。

图 9-27 数据表 user_myuser_groups

除了添加用户组的用户之外，还可以删除用户组已有的用户，代码如下：

```
# 删除用户组某一用户
>>> user.groups.remove(group)
# 清空用户组全部用户
>>> user.groups.clear()
```

9.8 本章小结

Django 除了有强大的 Admin 管理系统之外，还提供了完善的用户管理系统。整个用户管理系统可分为三大部分：用户信息、用户权限和用户组，在数据库中分别对应数据表 auth_user、auth_permission 和 auth_group。

使用内置模型 User 和内置的函数可以快速实现用户管理功能，如用户注册、登录、密码修改、密码找回和用户注销。模型 User 的字段说明以及常用的内置函数如下。

模型User字段及说明

模型User字段	说明
Id	int类型，数据表主键
Password	varchar类型，代表用户密码，在默认情况下使用pbkdf2_sha256方式来存储和管理用户的密码
last_login	datetime类型，最近一次登录的时间
is_superuser	tinyint类型，表示该用户是否拥有所有的权限，即是否为超级用户
Username	varchar类型，代表用户账号
first_name	varchar类型，代表用户的名字
last_name	varchar类型，代表用户的姓氏
Email	varchar类型，代表用户的邮件
is_staff	用来判断用户是否可以登录进入Admin系统
is_active	tinyint类型，用来判断该用户的状态是否被激活
date_joined	datetime类型，账号的创建时间

常用的内置函数及说明

内置函数	说明
authenticate	验证用户是否存在，必选参数为username和password，只能用于模型User
create_user	创建新的用户信息，必选参数为username，只能用于模型User
set_password	修改用户密码，必选参数为password，只能用于模型User
login/ logout	用户的登录和注销，只能用于模型User
make_password	密码加密处理，必选参数为password，可脱离模型User单独使用
check_password	检验加密前后的密码是否相同，可脱离模型User单独使用
email_user	发送邮件，只能用于模型User
send_mail	发送邮件
send_mass_mail	批量发送邮件
EmailMultiAlternatives	发送自定义内容格式的邮件

Django 提供了 4 种模型扩展的方法。

- 代理模型：这是一种模型继承，这种模型在数据库中无须创建新数据表。一般用于改变现有模型的行为方式，如增加新方法函数等，并且不影响现有数据库的结构。当不需要在数据库中存储额外的信息，而需要增加操作方法或更改模型的查询管理方式时，适合使用代理模型来扩展现有 User 模型。
- Profile 扩展模型 User：当存储的信息与模型 User 相关，而且并不改变模型 User 原有的认证方法时，可定义新的模型 MyUser，并设置某个字段为 OneToOneField，这样能与模型 User 形成一对一关联，该方法称为用户配置（User Profile）。

- AbstractBaseUser 扩展模型 User：当模型 User 的内置方法并不符合开发需求时，可使用该方法对模型 User 重新自定义设计，该方法对模型 User 和数据库架构影响很大。

- AbstractUser 扩展模型 User：如果模型 User 的内置的方法符合开发需求，在不改变这些函数方法的情况下，添加模型 User 的额外字段，可通过 AbstractUser 方式实现。使用 AbstractUser 定义的模型会替换原有模型 User。

用户、用户权限和用户组分别对应数据表 user_myuser、auth_permission 和 auth_group。无论是设置用户权限、设置用户所属用户组还是设置用户组的权限，其实质都是对两个数据表之间的数据建立多对多的数据关系，说明如下：

- 数据表 user_myuser_user_permissions：管理数据表 user_myuser 和 auth_permission 之间的多对多关系，实现用户权限设置。

- 数据表 user_myuser_groups：管理数据表 user_myuser 和 auth_group 之间的多对多关系，实现在用户组设置用户。

- 数据表 auth_group_permissions：管理数据表 auth_group 和 auth_permission 之间的多对多关系，实现用户组设置权限。

第 10 章

常用的 Web 应用程序

　　Django 为开发者提供了常见的 Web 应用程序，如会话控制、高速缓存、CSRF 防护、消息提示和分页功能。内置的 Web 应用程序大大优化了网站性能，并且完善了安全防护机制，而且也提高了开发者的开发效率。

10.1 会话控制

　　Django 内置的会话控制简称为 Session，可为访问者提供基础的数据存储。数据主要存储在服务器上，并且网站的任意站点都能使用会话数据。当用户第一次访问网站时，网站的服务器将自动创建一个 Session 对象，该 Session 对象相当于该用户在网站的一个身份凭证，而且 Session 能存储该用户的数据信息。当用户在网站的页面之间跳转时，存储在 Session 对象中的数据不会丢失，只有 Session 过期或被清理时，服务器才将 Session 中存储的数据清空并终止该 Session。

讲解 Django 的 Session 之前，需要理解 Session 和 Cookie 之间的关系。

- Session 是存储在服务器端，Cookie 是存储在客户端，所以 Session 的安全性比 Cookie 高。
- 当获取 Session 的数据信息时，首先从会话 Cookie 里获取 sessionid，然后根据 sessionid 找到服务器相应的 Session。
- Session 是存放在服务器的内存中的，所以 Session 里的数据不断增加会造成服务器的负担。因此，重要的信息才会选择存放在 Session 中，而一些次要的信息选择存放在客户端的 Cookie。

在创建 Django 项目时，Django 已默认启用 Session 功能，Session 是通过 Django 的中间件实现的，可以在配置文件 settings.py 中找到相关信息，如图 10-1 所示。

```
MIDDLEWARE = [
    'django.middleware.security.SecurityMiddleware',
    'django.contrib.sessions.middleware.SessionMiddleware',
    # 使用中文
    'django.middleware.locale.LocaleMiddleware',
    'django.middleware.common.CommonMiddleware',
    'django.middleware.csrf.CsrfViewMiddleware',
    'django.contrib.auth.middleware.AuthenticationMiddleware',
    'django.contrib.messages.middleware.MessageMiddleware',
    'django.middleware.clickjacking.XFrameOptionsMiddleware',
]
```

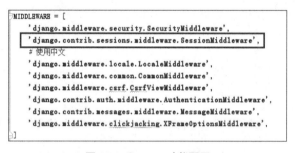

图 10-1　Session 功能配置

当用户访问网站时，用户请求首先经过中间件的处理，而中间件 SessionMiddleware 会判断当前请求用户的身份是否存在，并根据判断情况执行相应的程序处理。中间件 SessionMiddleware 相当于用户请求接收器，根据请求信息做出相应的调度，而程序的执行是由配置文件 settings.py 中的 INSTALLED_APPS 完成的。而执行 Session 的处理由 django.contrib.sessions 完成，其配置信息如图 10-2 所示。

```
INSTALLED_APPS = [
    'django.contrib.admin',
    'django.contrib.auth',
    'django.contrib.contenttypes',
    'django.contrib.sessions',
    'django.contrib.messages',
    'django.contrib.staticfiles',
    'index',
    'user',
]
```

图 10-2　Session 功能处理

django.contrib.sessions 默认使用数据库存储 Session 信息，发生数据迁移时，在数据库中可以看到数据表 django_session，如图 10-3 所示。

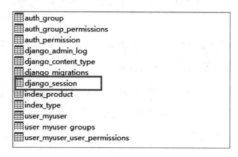

图 10-3 数据表 django_session

当多个用户同时访问网站时，中间件 SessionMiddleware 分别获取客户端 Cookie 的 sessionid 和数据表 django_session 的 session_key 进行匹配验证，从而区分每个用户的身份信息，保证每个用户存放在 Session 的数据信息不会发生紊乱，如图 10-4 所示。

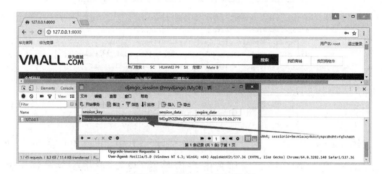

图 10-4 Session 验证机制

从上述内容可以知道，Session 默认使用数据库保存相关的数据信息，如果想变更 Session 的保存方式，我们可以在 settings.py 中添加配置信息 SESSION_ENGINE，该配置可以指定 Session 的保存方式。Django 提供 5 种 Session 的保存方式，如下所示：

```
# 数据库保存方式，Django 默认的保存方式，因此使用该方法无须在 settings.py 中设置
SESSION_ENGINE = 'django.contrib.sessions.backends.db'

# 以文件形式保存
SESSION_ENGINE = 'django.contrib.sessions.backends.file'
# 使用文本保存可设置文件保存路径，/MyDjango 代表将文本保存在项目 MyDjango 的根目录
SESSION_FILE_PATH = '/MyDjango'
```

```
# 以缓存形式保存
SESSION_ENGINE = 'django.contrib.sessions.backends.cache'
# 设置缓存名，默认是内存缓存方式，此处的设置与缓存机制的设置相关
SESSION_CACHE_ALIAS = 'default'

# 以数据库 + 缓存形式保存
SESSION_ENGINE = 'django.contrib.sessions.backends.cached_db'

# 以 cookies 形式保存
SESSION_ENGINE = 'django.contrib.sessions.backends.signed_cookies'
```

SESSION_ENGINE 用于配置服务器 Session 的保存方式，如果想要配置 Cookie 的 Session 的保存方式，可以在 settings.py 中添加如表 10-1 所示的配置。

表10-1 settings.py需要添加的配置

配置信息	说明
SESSION_COOKIE_NAME = "sessionid"	设置Cookie里Session的键，默认值为sessionid
SESSION_COOKIE_PATH = "/"	设置Cookie里Session的保存路径，默认值为"/"
SESSION_COOKIE_DOMAIN = None	设置Cookie里Session的保存域名，默认值为None
SESSION_COOKIE_SECURE = False	是否使用HTTPS传输Cookie，默认值为False
SESSION_COOKIE_HTTPONLY = True	是否只支持HTTP传输，默认值为True
SESSION_COOKIE_AGE = 1209600	设置Cookie里Session的有效期，默认时间2周
SESSION_EXPIRE_AT_BROWSER_CLOSE = False	是否关闭浏览器使得Session过期，默认值为False
SESSION_SAVE_EVERY_REQUEST = False	是否每次发送后保存Session，默认值为False

了解 Session 的原理和相关配置后，最后讲解 Session 的操作。Session 的数据类型可理解为 Python 的字典类型，主要在视图函数中执行读写操作，并且从用户请求对象中获取，即来自视图函数的参数 request。Session 的读写如下：

```
# request 为视图函数的参数 request
# 获取 k1 的值，若 k1 不存在则会报错
request.session['k1']

# 获取 k1 的值，若 k1 不存在则为空值
# get 和 setdefault 所实现的功能是一致
request.session.get['k1', '']
request.session.setdefault('k1', '')
```

```
# 设置Session的值，键为k1，值为123
request.session['k1'] = 123

# 删除Session中k1的数据
del request.session['k1']
# 删除整个Session
request.session.clear()

# 获取Session的键
request.session.keys()
# 获取Session的值
request.session.values()

# 获取Session的session_key，即数据表django_session的字段session_key
request.session.session_key
```

我们通过实例来讲述在开发过程中如何使用Session。以MyDjango为例，使用Session实现购物车功能，在首页找到4个商品信息，每个商品有"立即抢购"按钮，如图10-5所示。

图10-5 首页的商品信息

购物车功能的实现思路如下：

- 当用户单击"立即抢购"按钮时，该按钮会触发一个GET请求并将商品信息作为请求参数传给视图函数处理。
- 视图函数接收GET请求后，将请求参数保存在Session中并返回首页，即刷新当前网页。
- 当用户进入购物车页面时，程序获取Session里的数据，并将数据展示在购物车列表中。

- 用户在购物车页面单击某个商品的"移除商品"按钮时，程序在 Session 中删除该商品信息。

在实现购物车功能之前，我们对 MyDjango 的目录架构进行细微的调整，在 index 中新增模板 ShoppingCar.html 以及模板文件相应的 JS 和 CSS 文件，如图 10-6 所示。

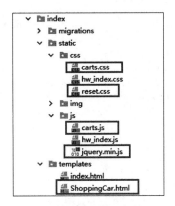

图 10-6 调整项目架构

购物车功能由 index 的 urls.py、views.py、index.html 和 ShoppingCar.html 共同实现，网站的首页主要实现 Session 的写入，购物车页面实现 Session 的读取和删除操作。首先编写 urls.py 和 views.py 的代码，分别对首页和购物车页面配置 URL 地址和相应的视图函数，代码如下：

```python
# urls.py 配置路由
from django.urls import path
from . import views
urlpatterns = [
    # 首页的 URL
    path('', views.index, name='index'),
    # 购物车
    path('ShoppingCar.html', views.ShoppingCarView, name='ShoppingCar')
]

# views.py
from django.shortcuts import render,redirect
from django.contrib.auth.decorators import login_required, permission_required

# 视图函数 index
# 使用 login_required 和 permission_required 分别对用户登录和用户权限进行验证
```

```python
@login_required(login_url='/user/login.html')
@permission_required(perm='index.visit_Product', login_url='/user/login.html')
def index(request):
    # 获取GET请求参数
    product = request.GET.get('product', '')
    price = request.GET.get('price', '')
    if product:
        # 获取存储在Session中的数据，若Session不存在product_info，则返回一个空列表
        product_list = request.session.get('product_info', [])
        # 判断当前请求参数是否已存储在Session
        if not product in product_list:
            # 将当前参数存储在列表product_list中
            product_list.append({'price': price, 'product': product})
        # 更新存储在Session中的数据
        request.session['product_info'] = product_list
        return redirect('/')
    return render(request, 'index.html', locals())

# 视图函数ShoppingCarView
@login_required(login_url='/user/login.html')
def ShoppingCarView(request):
    # 获取存储在Session中的数据，若Session中不存在product_info，则返回一个空列表
    product_list = request.session.get('product_info', [])
    # 获取GET请求参数，若没有请求参数，则返回空值
    del_product = request.GET.get('product', '')
    # 判断是否为空，若非空，则删除Session中的商品信息
    if del_product:
        # 删除Session中某个商品数据
        for i in product_list:
            if i['product'] == del_product:
                product_list.remove(i)
        # 将删除后的数据覆盖原来的Session
        request.session['product_info'] = product_list
        return redirect('/ShoppingCar.html')
    return render(request, 'ShoppingCar.html', locals())
```

函数 index 的功能实现如下：

- 首先获取 GET 请求的请求参数，若当前请求没有请求参数，则变量 product 和 price 为空，否则分别将请求参数赋予变量 product 和 price。
- 获取当前用户 Session 的 product_info 数据信息并赋值给变量 product_list。
- 判断 product_list 是否已存有 product 和 price，若不存在，则将 product 和 price 写入 product_list。

- 最后将 product_list 重新写入 Session 并重定向首页地址。

函数 ShoppingCarView 的功能实现如下：

- 首先获取当前用户 Session 的 product_info 数据信息。
- 获取当前请求参数 product 并赋值给变量 del_product，若不存在请求参数，则变量 del_product 为空值。
- 如果变量 del_product 不为空，而且 product_list 已存在变量 del_product，那么在 product_list 中删除变量 del_product。
- 最后将 product_list 重新写入 Session 的 product_info，并重定向购物车的网页地址。

从函数 index 和 ShoppingCarView 的功能实现过程中可以发现，两者对 Session 的处理有相似的地方：首先从 Session 中获取数据内容，然后对数据内容进行读写处理，最后将处理后的数据内容重新写入 Session。

当视图函数处理用户请求后，再由模板生成相应的网页返回给用户。我们分别对模板 index.html 和 ShoppingCar.html 进行修改，由于模板文件代码较长，此处只展示修改的代码，完整的代码可在本书下载资源中查看，代码修改如下：

```
# 模板 index.html
# 设置购物车的网页地址
<div class="lf" id="my_hw"> 我的商城 </div>
<div class="lf" id="settle_up"><a href="{% url 'ShoppingCar' %}"> 我的购物车 </a></div>
# 设置 " 立即抢购 " 按钮的链接地址，此处只列出一个商品的设置方式，剩余商品的设置是相同的
<li class="channel-pro-item">
<!--<i class="p-tag"><img src="img/new_ping.png" style="padding-left: 0" alt=""/></i>-->
<div class="p-img">
   <img src="{% static "img/phone01.png" %}" alt=""/>
</div>
<div class="p-name lf"><a href="#">HUAWEI P9 Plus</a></div>
<div class="p-shining">
   <div class="p-slogan"> 一上手，就爱不释手 </div>
   <div class="p-promotions">5 月 6 日 10:08 火爆开售 </div>
</div>
<div class="p-price">
   <em>¥</em>
   <span>3988</span>
```

```html
        </div>
        <div class="p-button lf">
                    # 设置带参数的GET请求,请求参数为product和price
            <a href="{% url 'index' %}?product=HUAWEI P9 Plus&price=3988">立即抢购</a>
        </div>
    </li>

    # 模板ShoppingCar.html
    <div class="order_content">
    # 变量product_list来自于视图函数的变量product_list
    {% for info in product_list %}
    <ul class="order_lists">
    <li class="list_chk">
        <input type="checkbox" id="checkbox_4" class="son_check">
        <label for="checkbox_4"></label>
    </li>
    <li class="list_con">
            # 商品名称
        <div class="list_text"><a href="javascript:;">{{ info.product }}</a></div>
    </li>
    <li class="list_price">
            # 商品价格
        <p class="price">¥{{ info.price }}</p>
    </li>
    <li class="list_amount">
        <div class="amount_box">
                <a href="javascript:;" class="reduce reSty">-</a>
                <input type="text" value="1" class="sum">
                <a href="javascript:;" class="plus">+</a>
        </div>
    </li>
    <li class="list_sum">
        <p class="sum_price">¥{{ info.price }}</p>
    </li>
    <li class="list_op">
        <p class="del">
                # 设置带参数的GET请求,请求参数为product
            <a href="{% url 'ShoppingCar' %}?product={{ info.product }}" class="delBtn">移除商品</a>
        </p>
    </li>
    </ul>
    {% endfor %}
    </div>
```

至此，我们已完成 index 的 urls.py、views.py、index.html 和 ShoppingCar.html 的代码编写。最后启动 MyDjango 测试购物车功能，测试方式如下：

- 在浏览器中访问 http://127.0.0.1:8000/user/login.html?next=/，输入用户信息完成用户登录。
- 在首页的商品信息中单击"立即抢购"按钮，同一商品的"立即抢购"按钮可以重复点击。
- 回到首页顶部，单击"我的购物车"，进入购物车页面，查看购物车中的商品信息是否有重复。
- 在购物车页面单击某商品的"移除商品"按钮并刷新网页，观察购物车中的商品是否已删除。

在上述例子中，Django 只实现了商品列表生成、"移除商品"按钮和设置首页地址，其余的功能都是由前端的 JavaScript 实现的。购物车页面如图 10-7 所示。

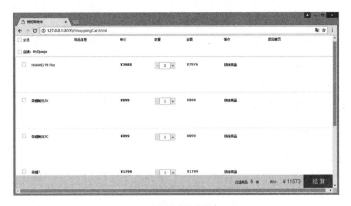

图 10-7 购物车页面效果图

10.2 缓存机制

现在的网站都以动态网站为主，当网站访问量过大时，网站的响应速度必然会降低，这就有可能出现卡死的情况。为了解决网站访问量过大的问题，可以在网站上使用缓存机制。

缓存是将一个请求的响应内容保存到内存或者高速缓存系统（Memcache）中，

若某个时间内再次发生同一个请求,则不再去执行请求响应过程,而是直接从内存或者高速缓存系统中获取该请求的响应内容返回给用户。

Django 提供 5 种不同的缓存方式,每种缓存方式说明如下:

- Memcached:一个高性能的分布式内存对象缓存系统,用于动态网站,以减轻数据库负载。通过在内存中缓存数据和对象来减少读取数据库的次数,从而提高网站的响应速度。使用 Memcached 需要安装系统服务器,Django 通过 python-memcached 或 pylibmc 模块调用 Memcached 系统服务器,实现缓存读写操作,适合超大型网站使用。
- 数据库缓存:缓存信息存储在网站数据库的缓存表中,缓存表可以在项目的配置文件中配置,适合大中型网站使用。
- 文件系统缓存:缓存信息以文本文件格式保存,适合中小型网站使用。
- 本地内存缓存:Django 默认的缓存保存方式,将缓存存放在项目所在系统的内存中,只适用于项目开发测试。
- 虚拟缓存:Django 内置的虚拟缓存,实际上只提供缓存接口,并不能存储缓存数据,只适用于项目开发测试。

每种缓存方式都有一定的适用范围,因此选择缓存方式需要结合网站的实际情况而定。若在项目中使用缓存机制,则首先需要在配置文件 settings.py 中设置缓存的相关配置。每种缓存方式的配置如下:

```
# Memcached 配置
# BACKEND 用于配置缓存引擎,LOCATION 是 Memcached 服务器的 IP 地址
# django.core.cache.backends.memcached.MemcachedCache 使用 python-memcached
模块连接 Memcached
# django.core.cache.backends.memcached.PyLibMCCache 使用 pylibmc 模块连接
Memcached
CACHES = {
    'default': {
        'BACKEND': 'django.core.cache.backends.memcached.MemcachedCache',
        # 'BACKEND': 'django.core.cache.backends.memcached.PyLibMCCache,
        'LOCATION': [
            '172.19.26.240:11211',
            '172.19.26.242:11211',
        ]
    }
}
```

```python
# 数据库缓存配置
# BACKEND 用于配置缓存引擎，LOCATION 用于数据表的命名
CACHES = {
    'default': {
        'BACKEND': 'django.core.cache.backends.db.DatabaseCache',
        'LOCATION': 'my_cache_table',
    }
}

# 文件系统缓存
# BACKEND 用于配置缓存引擎，LOCATION 是文件保存的路径
CACHES = {
    'default': {
        'BACKEND': 'django.core.cache.backends.filebased.FileBasedCache',
        'LOCATION': 'e:/django_cache',
    }
}

# 本地内存缓存
# BACKEND 用于配置缓存引擎，LOCATION 对存储器命名，用于识别单个存储器
CACHES = {
    'default': {
        'BACKEND': 'django.core.cache.backends.locmem.LocMemCache',
        'LOCATION': 'unique-snowflake',
    }
}

# 虚拟缓存
# BACKEND 用于配置缓存引擎
CACHES = {
    'default': {
        'BACKEND': 'django.core.cache.backends.dummy.DummyCache',
    }
}
```

上述缓存配置仅仅是基本配置，也就是说缓存参数 BACKEND 和 LOCATION 是必须配置的，其余的配置参数可自行选择。我们以数据库缓存配置为例，完整的缓存配置如下：

```python
CACHES = {
    # 默认缓存数据表
    'default': {
        'BACKEND': 'django.core.cache.backends.db.DatabaseCache',
        'LOCATION': 'my_cache_table',
        # TIMEOUT 设置缓存的生命周期，以秒为单位，若为 None，则永不过期
        'TIMEOUT': 60,
```

```
        'OPTIONS': {
            # MAX_ENTRIES 代表最大缓存记录的数量
            'MAX_ENTRIES': 1000,
            # 当缓存到达最大数量之后，设置剔除缓存的数量
            'CULL_FREQUENCY': 3,
        }
    },
    # 设置多个缓存数据表
    'MyDjango':{
        'BACKEND': 'django.core.cache.backends.db.DatabaseCache',
        'LOCATION': 'MyDjango_cache_table',
    }
}
```

在配置文件完成数据库缓存配置后，下一步是在数据库中创建缓存数据表，缓存数据表的生成依赖于配置文件中 DATABASES 的配置信息。需要注意的是，如果 DATABASES 配置了多个数据库，那么缓存数据表默认在 DATABASES 的 default 的数据库中生成。在 PyCharm 的 Terminal 中输入 python manage.py createcachetable 指令创建缓存数据表，然后在数据库中查看缓存数据表，如图 10-8 所示。

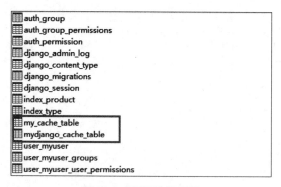

图 10-8 创建缓存数据表

在项目中完成缓存的配置，创建缓存数据表之后，就可以在项目中使用缓存了。缓存的使用方式有 4 种，主要根据使用对象的不同来划分，具体说明如下。

- 全站缓存：将缓存作用于整个网站的全部页面。一般情况下不采用这种方式实现，如果网站规模较大，缓存数据相应增多，就会对数据库或 Memcached 造成极大的压力。
- 视图缓存：当用户发送请求时，若该请求的视图函数已生成缓存，则返回缓存数据，这样可省去视图函数处理请求信息的时间和资源。

- 路由（URL）缓存：其作用与视图缓存相同，但两者是有区别的，例如有两个 URL 同时指向一个视图函数，分别访问这两个 URL 时，路由缓存会判断 URL 是否生成缓存而决定是否执行视图函数。
- 模板缓存：对模板某部分的数据设置缓存，常用于模板内容变动较少的情况，如 HTML 的 <head> 标签，设置缓存能省去模板引擎解析生成 HTML 页面的时间。

全站缓存作用于整个网站，当用户向网站发送请求时，首先经过 Django 的中间件进行处理。因此，使用全站缓存应在 Django 的中间件中配置，配置信息如下：

```
# settings.py 配置信息
MIDDLEWARE = [
    # 配置全站缓存
    'django.middleware.cache.UpdateCacheMiddleware',
    'django.middleware.security.SecurityMiddleware',
    'django.contrib.sessions.middleware.SessionMiddleware',
    # 使用中文
    'django.middleware.locale.LocaleMiddleware',
    'django.middleware.common.CommonMiddleware',
    'django.middleware.csrf.CsrfViewMiddleware',
    'django.contrib.auth.middleware.AuthenticationMiddleware',
    'django.contrib.messages.middleware.MessageMiddleware',
    'django.middleware.clickjacking.XFrameOptionsMiddleware',
    # 配置全站缓存
    'django.middleware.cache.FetchFromCacheMiddleware',
]
# 设置缓存的生命周期
CACHE_MIDDLEWARE_SECONDS = 15
# 设置缓存数据保存在数据表 my_cache_table 中，属性值 default 来自于缓存配置 CACHES 的 default 属性
CACHE_MIDDLEWARE_ALIAS = 'default'
# 设置缓存表字段 cache_key 的值，用于同一个 Django 项目多个站点之间的共享缓存
CACHE_MIDDLEWARE_KEY_PREFIX = 'MyDjango'
```

全站缓存配置说明如下：

- 在中间件的最上方和末端分别添加中间件 UpdateCacheMiddleware 和 FetchFromCacheMiddleware。
- CACHE_MIDDLEWARE_SECONDS 设置全站缓存的生命周期。若在缓存配置 CACHES 中设置 TIMEOUT 属性，则程序优先选择 CACHE_MIDDLEWARE_SECONDS 的设置。

- **CACHE_MIDDLEWARE_ALIAS** 设置缓存的保存路径，默认为 default。因为在缓存配置 CACHES 中设置两个缓存数据表，而属性值 default 对应缓存配置 CACHES 的 default 属性，所以全站缓存将保存在数据表 my_cache_table 中。

- **CACHE_MIDDLEWARE_KEY_PREFIX** 指定某个 Django 站点的名称。在一些大型网站中都会采用分布式站点实现负载均衡，就是将同一个 Django 项目部署在多个服务器上，当网站访问量过大的时候，可以将访问量分散到各个服务器，提高网站的整体性能。如果多个服务器使用共享缓存，那么该属性的作用是为了区分各个服务器的缓存数据，这样每个服务器只能使用自己的缓存数据。

启动 MyDjango，在浏览器上访问的页面都会在缓存数据表 my_cache_table 上生成相应的缓存信息，如图 10-9 所示。

图 10-9 缓存数据表 my_cache_table

视图缓存是将视图函数执行过程生成缓存数据，主要以装饰器的形式来实现。装饰器有三个参数，分别是 timeout、cache 和 key_prefix，参数 timeout 是必选参数，其余两个参数都是可选参数，参数的含义与视图缓存的参数一致。其代码如下：

```
# App（index）的 views.py
# 导入 cache_page
from django.views.decorators.cache import cache_page
# 参数 cache 与全站缓存 CACHE_MIDDLEWARE_ALIAS 相同
# 参数 key_prefix 与全站缓存 CACHE_MIDDLEWARE_KEY_PREFIX 相同
@cache_page(timeout=10, cache='MyDjango', key_prefix='MyDjangoView')
@login_required(login_url='/user/login.html')
def ShoppingCarView(request):
    pass
    return render(request, 'ShoppingCar.html', locals())
```

第 10 章　常用的 Web 应用程序

在浏览器上访问购物车页面，打开数据库查看缓存数据表 mydjango_cache_table 的视图缓存信息，如图 10-10 所示。

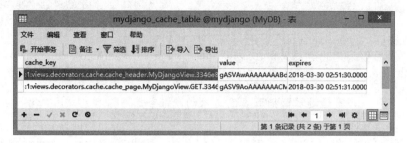

图 10-10　缓存数据表 mydjango_cache_table

路由缓存主要在路由配置 urls.py 中实现，路由缓存 cache_page 有三个参数，分别是 timeout、cache 和 key_prefix，参数 timeout 是必选参数，其余两个参数都是可选参数，参数的含义与视图缓存的参数一致。实现代码如下：

```
from django.urls import path
from . import views
from django.views.decorators.cache import cache_page
urlpatterns = [
    # 首页的 URL
    path('', cache_page(10, 'MyDjango', 'MyDjangoURL')(views.index),
name='index'),
    # 购物车
    path('ShoppingCar.html', views.ShoppingCarView, name='ShoppingCar')
]
```

在浏览器上访问某个页面，打开数据库查看缓存数据表 mydjango_cache_table 的路由缓存信息，如图 10-11 所示。

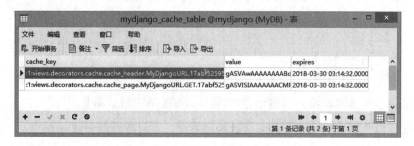

图 10-11　缓存数据表 mydjango_cache_table

模板缓存是通过 Django 的缓存标签实现的，缓存标签只支持两个参数：timeout

179

和 key_prefix，以模板 index.html 为例实现模板缓存，代码如下：

```
<ul class="rt">
{# 设置缓存 #}
{% load cache %}
{% cache 10 MyDjangoTemp %}
{# 在模板中使用的 user 变量是一个 User 或者 AnoymousUser 对象，该对象由模型 MyUser 实例化 #}
{% if user.is_authenticated %}
    <li>用户名：{{ user.username }}</li>
    <li><a href="{% url 'logout' %}">退出登录</a></li>
{% endif %}
{# 在模板中使用的 perms 变量是 Permission 对象，该对象由模型 Permission 实例化 #}
{% if perms.index.add_product %}
    <li>添加产品信息</li>
{% endif %}
{# 缓存结束 #}
{% endcache %}
</ul>
```

模板缓存的缓存信息会默认存储在数据表 my_cache_table 中，打开数据库查看数据表 my_cache_table 的模板缓存信息，如图 10-12 所示。

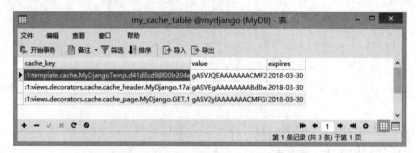

图 10-12　缓存数据表 my_cache_table

10.3　CSRF 防护

CSRF（Cross-Site Request Forgery，跨站请求伪造）也称为 One Click Attack 或者 Session Riding，通常缩写为 CSRF 或者 XSRF，是一种对网站的恶意利用，窃取网站的用户信息来制造恶意请求。

Django 为了防护这类攻击，在用户提交表单时，表单会自动加入 csrftoken 的隐含值,这个隐含值会与网站后台保存的 csrftoken 进行匹配,只有匹配成功,网站才会处理表单数据。这种防护机制称为 CSRF 防护,原理如下:

- 在用户访问网站时,Django 在网页的表单中生成一个隐含字段 csrftoken,这个值是在服务器端随机生成的。
- 当用户提交表单时,服务器校验表单的 csrftoken 是否和自己保存的 csrftoken 一致,用来判断当前请求是否合法。
- 如果用户被 CSRF 攻击并从其他地方发送攻击请求,由于其他地方不可能知道隐藏的 csrftoken 信息,因此导致网站后台校验 csrftoken 失败,攻击就被成功防御。

在 Django 中使用 CSRF 防护功能,首先在配置文件 settings.py 中设置防护功能的配置信息。功能的开启由配置文件的中间件 django.middleware.csrf.CsrfViewMiddleware 实现,在创建项目时已默认开启,如图 10-13 所示。

```
MIDDLEWARE = [
    # 配置全站缓存
    'django.middleware.cache.UpdateCacheMiddleware',
    'django.middleware.security.SecurityMiddleware',
    'django.contrib.sessions.middleware.SessionMiddleware',
    # 使用中文
    'django.middleware.locale.LocaleMiddleware',
    'django.middleware.common.CommonMiddleware',
    'django.middleware.csrf.CsrfViewMiddleware',
    'django.contrib.auth.middleware.AuthenticationMiddleware',
    'django.contrib.messages.middleware.MessageMiddleware',
    'django.middleware.clickjacking.XFrameOptionsMiddleware',
    # 配置全站缓存
    'django.middleware.cache.FetchFromCacheMiddleware',
]
```

图 10-13 设置 CSRF 防护

CSRF 防护只作用于 POST 请求,并不防护 GET 请求,因为 GET 请求以只读形式访问网站资源,并不破坏和篡改网站数据。以 MyDjango 为例,在模板 user.html 的表单 <form> 标签中加入内置标签 csrf_token 即可实现 CSRF 防护,代码如下:

```
# 模板 user.html 部分代码
<form class="form" action="" method="post">
{% csrf_token %}
<div>用户名:<input type="text" name='username'></div>
<div>密 码:<input type="password" name='password'></div>
<button type="submit" class="btn btn-primary btn-block">确定</button>
</form>
```

启动运行 MyDjango，在浏览器中打开用户登录页面，然后查看页面的源码，可以发现表单新增隐藏域，隐藏域是由模板语法 {% csrf_token %} 所生成的，网站生成的 csrftoken 都会记录在隐藏域的 value 属性中。当用户每次提交表单时，csrftoken 都会随之变化，如图 10-14 所示。

```
<form class="form" action method="post">
    <input type="hidden" name="csrfmiddlewaretoken" value="vJNhdRq1VowXw5uxRX7nTvP51UGLrd71X09FGQWL8csTjJL122MwYfJhZv4WEE5Z">
    <div>
        "用户名:"
        <input type="text" name="username">
    </div>
    <div>
        "密 码:"
        <input type="password" name="password">
    </div>
    <button type="submit" class="btn btn-primary btn-block">确定</button>
</form>
```

图 10-14 csrftoken 信息

如果想要取消表单的 CSRF 防护，可以在模板上删除 {% csrf_token %}，并且在相应的视图函数中添加装饰器 @csrf_exempt，代码如下：

```python
from django.views.decorators.csrf import csrf_exempt
# 取消 CSRF 防护
@csrf_exempt
def registerView(request):
    pass
    return render(request, 'user.html', locals())
```

如果只是在模板上删除 {% csrf_token %}，并没有在相应的视图函数中设置过滤器 @csrf_exempt，那么当用户提交表单时，程序因 CSRF 验证失败而抛出 403 异常的页面，如图 10-15 所示。

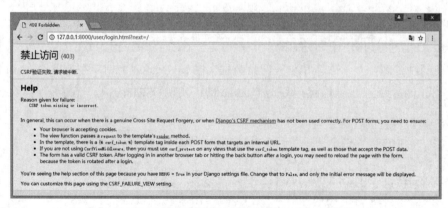

图 10-15 CSRF 验证失败

最后还有一种比较特殊的情况，如果在配置文件 settings.py 中删除中间件 CsrfViewMiddleware，这样使整个网站都取消 CSRF 防护。在全站没有 CSRF 防护的情况下，又想对某些请求设置 CSRF 防护，那么在模板上添加模板语法 {% csrf_token %}，然后在相应的视图函数中添加装饰器 @csrf_protect 即可实现，代码如下：

```python
from django.views.decorators.csrf import csrf_protect
# 添加 CSRF 防护
@csrf_protect
def registerView(request):
    pass
    return render(request, 'user.html', locals())
```

值得注意的是，在日常开发中，如果网页某些数据是使用前端 Ajax 实现表单提交的，那么 Ajax 向服务器发送 POST 请求时，请求参数必须添加 csrftoken 的信息，否则服务器会视该请求是恶意请求。实现代码如下：

```html
<script>
    function submitForm(){
        var csrf = $('input[name="csrfmiddlewaretoken"]').val();
        var user = $('#user').val();
    var password = $('#password').val();
        $.ajax({
            url: '/csrf1.html',
            type: 'POST',
            data: {'user': user,
                'password': password,
                 'csrfmiddlewaretoken': csrf},
            success:function(arg){
                console.log(arg);
            }
        })
    }
</script>
```

10.4 消息提示

在网页应用中，当处理完表单或完成其他信息输入后，网站会有相应的操作提示。Django 有内置消息提示功能供开发者直接使用，信息提示功能由中间件 SessionMiddleware、MessageMiddleware 和 INSTALLED_APPS 的 django.contrib.messages 共同实现。在创建 Django 项目时，消息提示功能已默认开启，如图 10-16 所示。

```
INSTALLED_APPS = [
    'django.contrib.admin',
    'django.contrib.auth',
    'django.contrib.contenttypes',
    'django.contrib.sessions',
    'django.contrib.messages',
    'django.contrib.staticfiles',
    'index',
    'user',
]
MIDDLEWARE = [
    'django.middleware.security.SecurityMiddleware',
    'django.contrib.sessions.middleware.SessionMiddleware',
    # 使用中文
    'django.middleware.locale.LocaleMiddleware',
    'django.middleware.common.CommonMiddleware',
    'django.middleware.csrf.CsrfViewMiddleware',
    'django.contrib.auth.middleware.AuthenticationMiddleware',
    'django.contrib.messages.middleware.MessageMiddleware',
    'django.middleware.clickjacking.XFrameOptionsMiddleware',
]
```

图 10-16 消息提示功能配置

消息提示必须依赖中间件 SessionMiddleware，因为消息提示的引擎默认是 SessionStorage，而 SessionStorage 是在 Session 的基础上实现的，同时说明了中间件 SessionMiddleware 为什么设置在 MessageMiddleware 的前面。

使用信息提示功能之前，需要了解消息提示的类型，Django 提供了 5 种消息类型，说明如表 10-2 所示。

表10-2　Django提供的5种消息类型

类型	说明
DEBUG	提示开发过程中的相关调试信息
INFO	提示信息，如用户信息
SUCCESS	提示当前操作执行成功
WARNING	警告当前操作存在风险
ERROR	提示当前操作错误

若想在开发中使用消息提示，首先在视图函数中生成相关的信息内容，然后在模板中将信息内容展现在网页上。因此，在 index 中定义相关的 URL 地址和相应的视图函数，代码如下：

```
# urls.py
from django.urls import path
from . import views
urlpatterns = [
    # 首页的URL
    path('', views.index, name='index'),
    # 购物车
```

```python
    path('ShoppingCar.html', views.ShoppingCarView, name='ShoppingCar'),
    # 消息提示
    path('message.html', views.messageView, name='message'),
]

# views.py
from django.contrib import messages
from django.template import RequestContext
# 消息提示
def messageView(request):
    # 信息添加方法一
    messages.info(request, '信息提示')
    messages.success(request, '信息正确')
    messages.warning(request, '信息警告')
    messages.error(request, '信息错误')
    # 信息添加方法二
    messages.add_message(request, messages.INFO, '信息提示')
    return render(request, 'message.html', locals(), RequestContext(request))
```

在视图函数 messageView 中可以看到添加信息有两种方式，两者实现的功能是一样的。在函数返回时，必须设置 RequestContext(request)，这是 Django 的上下文处理器，确保信息 messages 对象能在模板中使用。最后在 index 的 templates 中创建模板 message.html，模板代码如下：

```
<!DOCTYPE html>
<html lang="en">
<head>
    <meta charset="UTF-8">
    <title>信息提示</title>
</head>
<body>
    {% if messages %}
        <ul>
            {% for message in messages %}
                {# message.tags 代表信息类型 #}
                <li{% if message.tags %} class="{{ message.tags }}"{% endif %}>{{ message }}</li>
            {% endfor %}
        </ul>
    {% else %}
        <script>alert('暂无信息');</script>
    {% endif %}
</body>
</html>
```

在上述例子中，视图函数 messageView 将对象 messages 通过上下文处理器 RequestContext(request) 传递给模板变量 messages，然后将模板变量 messages 的内容遍历输出，最后通过模板引擎解析生成 HTML 网页。在浏览器上访问 http://127.0.0.1:8000/message.html，网页信息如图 10-17 所示。

图 10-17 消息提示功能应用

10.5 分页功能

在网页上浏览数据的时候，数据列表的下方都能看到翻页功能，而且每一页的数据都不相同。比如在淘宝上搜索某商品的关键字，淘宝会根据用户提供的关键字返回符合条件的商品信息，并且对这些商品信息进行分页处理，用户可以在商品信息的下方单击相应的页数按钮查看。

如果要实现数据的分页功能，需要考虑多方面因素：

- 当前用户访问的页数是否存在上（下）一页。
- 访问的页数是否超出页数上限。
- 数据如何按页截取，如何设置每页的数据量。

Django 已为开发者提供了内置的分页功能，开发者无须自己实现数据分页功能，只需调用 Django 内置分页功能的函数即可实现。在实现网站数据分页之前，首先了解 Django 的分页功能为开发者提供了哪些方法与函数，在 PyCharm 的 Terminal 中开启 Django 的 shell 模式，函数使用说明如下：

```
E:\MyDjango>python manage.py shell
# 导入分页功能模块
>>> from django.core.paginator import Paginator
# 生成数据列表
>>> objects = [chr(x) for x in range(97,107)]
>>> objects
['a', 'b', 'c', 'd', 'e', 'f', 'g', 'h', 'i', 'j']
# 将数据列表以每三个元素分为一页
>>> p = Paginator(objects, 3)
# 输出全部数据,即整个数据列表
>>> p.object_list
['a', 'b', 'c', 'd', 'e', 'f', 'g', 'h', 'i', 'j']
# 获取数据列表的长度
>>> p.count
10
# 分页后的总页数
>>> p.num_pages
4
# 将页数转换成 range 循环对象
>>> p.page_range
range(1, 5)
# 获取第二页的数据信息
>>> page2 = p.page(2)
# 判断第二页是否存在上一页
>>> page2.has_previous()
True
# 如果当前页数存在上一页,就输出上一页的页数,否则抛出 EmptyPage 异常
>>> page2.previous_page_number()
1
# 判断第二页是否存在下一页
>>> page2. has_next()
True
# 如果当前页数存在下一页,就输出下一页的页数,否则抛出 EmptyPage 异常
>>> page2.next_page_number()
3
# 输出第二页所对应的数据内容
>>> page2.object_list
['d', 'e', 'f']
# 输出第二页的第一条数据在整个数据列表的位置,数据位置从 1 开始计算
>>> page2.start_index()
4
# 输出第二页的最后一条数据在整个数据列表的位置,数据位置从 1 开始计算
>>> page2.end_index()
6
```

上述代码是 Django 分页功能的使用方法,根据对象类型可以将代码分为两部分:分页对象 p 和某分页对象 page2,两者说明如下。

（1）分页对象 p：由模块 Paginator 实例化生成。在 Paginator 实例化时，需要传入参数 object 和 per_page，参数 object 是待分页的数据对象，参数 per_page 用于设置每页的数据量。对象 p 提供表 10-3 所示的函数。

表10-3 对象p提供的函数

函数	说明
object_list	输出被分页的全部数据，即数据列表objects
Count	获取当前被分页的数据总量，即数据列表objects的长度
num_pages	获取分页后的总页数
page_range	将总页数转换成range循环对象
page(number)	获取某一页的数据对象，参数number代表页数

（2）某分页对象 page2：由对象 p 使用函数 page 所生成的对象。page2 提供表 10-4 所示的函数。

表10-4 对象page 2提供的函数

函数	说明
has_previous()	判断当前页数是否存在上一页
previous_page_number()	如果当前页数存在上一页，输出上一页的页数，否则抛出EmptyPage异常
has_next()	判断当前页数是否存在下一页
next_page_number()	如果当前页数存在下一页，输出下一页的页数，否则抛出EmptyPage异常
object_list	输出当前分页的数据信息
start_index()	输出当前分页的第一条数据在整个数据列表的位置，数据位置以1开始计算
end_index()	输出当前分页的最后一条数据在整个数据列表的位置，数据位置以1开始计算

我们通过一个示例来讲述如何在开发过程中使用 Django 内置分页功能。在 MyDjango 的数据库中分别对数据表 index_type 和 index_product 添加数据信息，数据来源于第 6 章，可以在本书源码中找到数据文件，如图 10-18 所示。

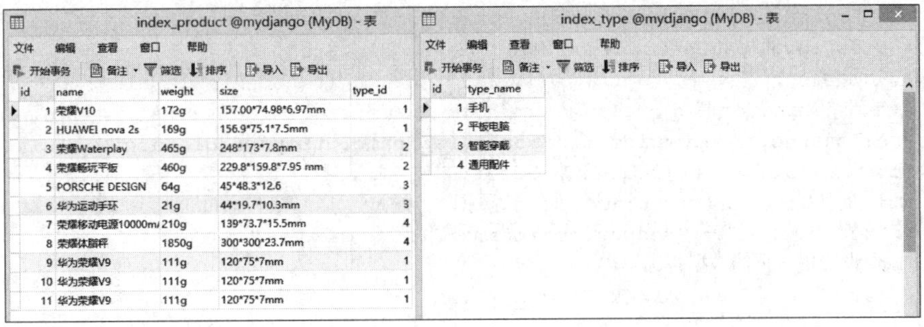

图 10-18 左边是数据表 index_product，右边是数据表 index_type

然后在 index 中添加模板 pagination.html，模板的样式文件 common.css 和 pagination.css 存放在 index 的静态文件夹 static 中，如图 10-19 所示。

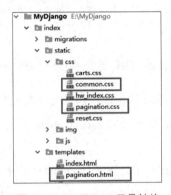

图 10-19 MyDjango 目录结构

完成项目的环境搭建后，本示例的分页功能需要由 index 的 urls.py、views.py 和 pagination.html 共同实现，首先在 urls.py 和 views.py 中分别添加以下代码：

```
# urls.py
from django.urls import path
from . import views
urlpatterns = [
    # 首页
    path('', views.index, name='index'),
    # 购物车
    path('ShoppingCar.html', views.ShoppingCarView, name='ShoppingCar'),
    # 分页功能
    path('pagination/<int:page>.html', views.paginationView, name='pagination'),
]
```

```python
# views.py 的 paginationView 函数
# 分页功能
# 导入 paginator 模块
from django.core.paginator import Paginator, EmptyPage, PageNotAnInteger
def paginationView(request, page):
    # 获取数据表 index_product 的全部数据
    Product_list = Product.objects.all()
    # 设置每一页的数据量为 3
    paginator = Paginator(Product_list, 3)
    try:
        pageInfo = paginator.page(page)
    except PageNotAnInteger:
        # 如果参数 page 的数据类型不是整型，就返回第一页数据
        pageInfo = paginator.page(1)
    except EmptyPage:
        # 若用户访问的页数大于实际页数，则返回最后一页的数据
        pageInfo = paginator.page(paginator.num_pages)
    return render(request, 'pagination.html', locals())
```

上述代码设置了分页功能的 URL 地址和相应的视图函数，其说明如下：

- URL 地址设置了动态变量 page，该变量代表用户当前访问的页数。
- 函数 paginationView 首先获取数据表 index_product 中的全部数据，生成变量 Product_list。
- 通过分页模块 paginator 对变量 Product_list 进行分页，以每 3 条数据划分为一页。
- 使用函数 page 获取分页对象 paginator 中某一分页的数据信息。
- 当变量 page 传入函数 page 时，如果变量 page 不是整型，程序就会抛出 PageNotAnInteger 异常，然后返回第一页的数据。
- 如果变量 page 的数值大于总页数，程序就会抛出 EmptyPage 异常，然后返回最后一页的数据。异常 PageNotAnInteger 和 EmptyPage 都来自于模块 paginator。

将视图函数处理的结果传给模板文件 pagination.html，然后把分页后的数据展示在网页中。模板文件 pagination.html 的代码如下：

```
<!DOCTYPE html>
<html lang="en">
<head>
    <meta charset="UTF-8">
```

```
        <title>分页功能</title>
        {# 导入 CSS 样式文件 #}
        {% load staticfiles %}
        <link type="text/css" rel="stylesheet" href="{% static "css/common.css" %}">
        <link type="text/css" rel="stylesheet" href="{% static "css/pagination.css" %}">
    </head>
    <body>
    <div class="wrapper clearfix" id="wrapper">
    <div class="mod_songlist">
        <ul class="songlist__header">
            <li class="songlist__header_name">产品名称</li>
            <li class="songlist__header_author">重量</li>
            <li class="songlist__header_album">尺寸</li>
            <li class="songlist__header_other">产品类型</li>
        </ul>
        <ul class="songlist__list">
            {# 列出当前分页所对应的数据内容 #}
            {% for item in pageInfo %}
            <li class="js_songlist__child" mid="1425301" ix="6">
                <div class="songlist__item">
                    <div class="songlist__songname">{{item.name}}</div>
                    <div class="songlist__artist">{{item.weight}}</div>
                    <div class="songlist__album">{{item.size}}</div>
                    <div class="songlist__other">{{ item.type }}</div>
                </div>
            </li>
            {% endfor %}
        </ul>
        {# 分页导航 #}
        <div class="page-box">
        <div class="pagebar" id="pageBar">
        {# 上一页的 URL 地址 #}
        {% if pageInfo.has_previous %}
            <a href="{%url 'pagination' pageInfo.previous_page_number%}" class="prev"><i></i>上一页</a>
        {% endif %}
        {# 列出所有的 URL 地址 #}
        {% for num in pageInfo.paginator.page_range %}
            {% if num == pageInfo.number %}
                <span class="sel">{{ pageInfo.number }}</span>
            {% else %}
                <a href="{% url'pagination'num %}"target="_self">{{num}}</a>
            {% endif %}
        {% endfor %}
        {# 下一页的 URL 地址 #}
```

```
        {% if pageInfo.has_next %}
            <a href="{% url 'pagination' pageInfo.next_page_number %}" class="next">下一页 <i></i></a>
        {% endif %}
        </div>
    </div>
</div><!--end mod_songlist-->
</div><!--end wrapper-->
</body>
</html>
```

完成 urls.py、views.py 和 pagination.html 的代码编写后,最后测试功能是否正常运行。启动项目并在浏览器上访问 http://127.0.0.1:8000/pagination/1.html,单击分页导航时,程序会自动跳转到相应的 URL 地址并返回对应的数据信息,运行结果如图 10-20 所示。

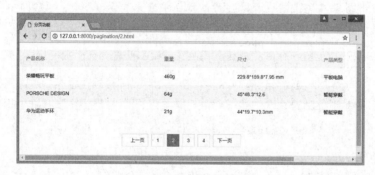

图 10-20 运行结果

10.6 本章小结

Django 为开发者提供了常见的 Web 应用程序,如会话控制、高速缓存、CSRF 防护、消息提示和分页功能。内置的 Web 应用程序大大优化了网站性能,并且完善了安全防护机制,而且也提高了开发者的开发效率。

Django 内置的会话控制简称为 Session,可为访问者提供基础的数据存储。数据主要存储在服务器上,并且网站的任意站点都能使用会话数据。当用户第一次访问网站时,网站的服务器将自动创建一个 Session 对象,该 Session 对象相当于该用户在网站的一个身份凭证,而且 Session 能存储该用户的数据信息。当用户在网站的页面之间跳转时，存储在 Session 对象中的数据不会丢失，只有 Session 过期或被清理时，服务器才将 Session 中存储的数据清空并终止该 Session。

Django 提供 5 种不同的缓存方式，每种缓存方式说明如下。

- Memcached：一个高性能的分布式内存对象缓存系统，用于动态网站，以减轻数据库负载。通过在内存中缓存数据和对象来减少读取数据库的次数，从而提高网站的响应速度。使用 Memcached 需要安装系统服务器，Django 通过 python-memcached 或 pylibmc 模块调用 Memcached 系统服务器，实现缓存读写操作，适合超大型网站使用。
- 数据库缓存：缓存信息存储在网站数据库的缓存表中，缓存表可以在项目的配置文件中配置，适合大中型网站使用。
- 文件系统缓存：缓存信息以文本文件格式保存，适合中小型网站使用。
- 本地内存缓存：Django 默认的缓存保存方式，将缓存存放在项目所在系统的内存中，只适用于项目开发测试。
- 虚拟缓存：Django 内置的虚拟缓存，实际上只提供缓存接口，并不能存储缓存数据，只适用于项目开发测试。

Django 为了防护这类攻击，在用户提交表单时，表单会自动加入 csrftoken 的隐含值，这个隐含值会与网站后台保存的 csrftoken 进行匹配，只有匹配成功，网站才会处理表单数据。这种防护机制称为 CSRF 防护，原理如下：

- 在用户访问网站时，Django 在网页的表单中生成一个隐含字段 csrftoken，这个值是在服务器端随机生成的。
- 当用户提交表单时，服务器校验表单的 csrftoken 是否和自己保存的 csrftoken 一致，用来判断当前请求是否合法。
- 如果用户被 CSRF 攻击并从其他地方发送攻击请求，由于其他地方不可能知道隐藏的 csrftoken 信息，因此导致网站后台校验 csrftoken 失败，攻击就被成功防御。

Django 中的消息提示必须依赖中间件 SessionMiddleware，因为消息提示的引擎默认是 SessionStorage，而 SessionStorage 是在 Session 的基础上实现的。消息提示共有 5 种类型，类型说明下。

消息提示的5种类型

类型	说明
DEBUG	提示开发过程中的相关调试信息
INFO	提示信息,如用户信息
SUCCESS	提示当前操作执行成功
WARNING	警告当前操作存在风险
ERROR	提示当前操作错误

Django 分页功能由模块 Paginator 实现,开发者可以调用模块 Paginator 所提供的函数实现网站的分页功能,函数说明如下。

模块Paginator所提供的函数

函数	说明
object_list	输出被分页的全部数据,即数据列表objects
Count	获取当前被分页的数据总量,即数据列表objects的长度
num_pages	获取分页后的总页数
page_range	将总页数转换成range循环对象。
page(number)	获取某一页的数据对象,参数number代表页数。
has_previous()	判断当前页数是否存在上一页。
previous_page_number()	如果当前页数存在上一页,输出上一页的页数,否则抛出EmptyPage异常。
has_next()	判断当前页数是否存在下一页。
next_page_number()	如果当前页数存在下一页,输出下一页的页数,否则抛出EmptyPage异常。
object_list	输出当前分页的数据信息。
start_index()	输出当前分页的第一条数据在整个数据列表的位置,数据位置以1开始计算。
end_index()	输出当前分页的最后一条数据在整个数据列表的位置,数据位置以1开始计算。

第 11 章

音乐网站开发

本章以音乐网站项目为例,介绍 Django 在实际项目开发中的应用,该网站共分为 6 个功能模块,分别是:网站首页、歌曲排行榜、歌曲播放、歌曲点评、歌曲搜索和用户管理。

11.1 网站需求与设计

当我们接到一个项目的时候,首先需要了解项目的具体需求,根据需求类型划分网站功能,并了解每个需求的业务流程。本节以音乐网站为例进行介绍,整个网站的功能分为:网站首页、歌曲排行榜、歌曲播放、歌曲搜索、歌曲点评和用户管理,各个功能说明如下:

- 网站首页是整个网站的主界面,主要显示网站最新的动态信息以及网站的功能导航。网站动态信息以歌曲的动态为主,如热门下载、热门搜索和新歌推荐等;网站的功能导航是将其他页面的链接展示在首页上,方便用户访问浏览。

- 歌曲排行榜是按照歌曲的播放量进行排序,用户还可以根据歌曲类型进行自定义筛选。
- 歌曲播放是为用户提供在线试听功能,此外还提供歌曲下载、歌曲点评和相关歌曲推荐。
- 歌曲点评是通过歌曲播放页面进入的,每条点评信息包含用户名、点评内容和点评时间。
- 歌曲搜索是根据用户提供的关键字进行歌曲或歌手匹配查询的,搜索结果以数据列表显示在网页上。
- 用户管理分为用户注册、登录和用户中心。用户中心包含用户信息、登录注销和歌曲播放记录。

我们根据需求对网站的开发进行设计,首先由 UI 设计师根据网站需求实现网页设计图,然后由前端工程师根据网页设计图实现 HTML 静态页面,最后由后端工程师根据 HTML 静态页面实现数据库构建和网站后台开发。根据上述网站需求,一共设计了 6 个网站页面,其中网站首页如图 11-1 所示。

图 11-1 网站首页

从网站首页的设计图可以看到,按照网站功能可以分为 7 个功能区,说明如下。

- 歌曲搜索：位于网页顶端，由文本输入框和搜索按钮组成，文本输入框下面是热门搜索的歌曲。
- 轮播图：以歌曲的封面进行轮播，单击图片可进入歌曲播放。
- 音乐分类：位于轮播图的左边，按照歌曲的类型进行分类。
- 热门歌曲：位于轮播图的右边，按照歌曲的播放量进行排序。
- 新歌推荐：按照歌曲的发行时间进行排序。
- 热门搜索：按照歌曲的搜索量进行排序。
- 热门下载：按照歌曲的下载量进行排序。

歌曲排行榜页面如图 11-2 所示。

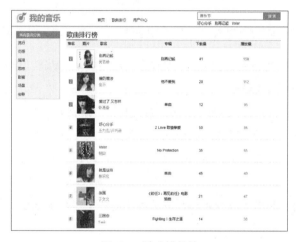

图 11-2 歌曲排行榜

从歌曲排行榜的设计图可以看到，整个页面分为两部分：歌曲分类和歌曲列表，说明如下。

- 歌曲分类：根据歌曲类型进行歌曲筛选，筛选后的歌曲显示在歌曲列表中。
- 歌曲列表：歌曲信息以播放次数进行降序显示，若对歌曲进行类型筛选，则对同一类型的歌曲以播放次数进行降序显示。

歌曲播放页面如图 11-3 所示。

图 11-3 歌曲播放

从歌曲播放的设计图可以看到，整个页面共有 4 大功能：各个功能说明如下。

- 歌曲信息：包括歌名、歌手、所属专辑、语种、流派、发行时间、歌词、歌曲封面和歌曲文件等。
- 下载与歌曲点评：实现歌曲下载，每下载一次都会对歌曲的下载次数累加一次。单击"歌曲点评"可进入歌曲点评页面。
- 播放列表：记录当前用户的试听记录，每播放一次都会对歌曲的播放次数累加一次。
- 相关歌曲：根据当前歌曲的类型筛选出同一类型的其他歌曲信息。

如图 11-4 所示。

图 11-4 歌曲点评

歌曲点评主要分为两部分：歌曲点评和点评信息列表，两者说明如下。

- 歌曲点评：由文本输入框和发表按钮组成的表单，以 POST 的请求形式实现内容提交。
- 点评信息列表：列出当前歌曲的点评信息，并对点评信息设置分页功能。

歌曲搜索页面如图 11-5 所示。

图 11-5 歌曲搜索

歌曲搜索主要根据文本框的内容对歌名或歌手进行匹配查询，然后将搜索结果返回到搜索页面上，其说明如下：

- 若文本框的内容为空，则默认返回前 50 首最新发行的歌曲。
- 若文本框的内容不为空，则从歌曲的歌名或歌手进行匹配查询，查询结果以歌曲的发行时间进行排序。
- 每次搜索时，若文本框的内容与歌名完全相符，则相符的歌曲将其搜索次数累加一次。

用户中心页面如图 11-6 所示。

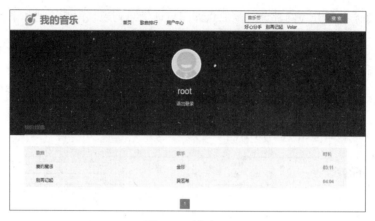

图 11-6 用户中心

用户中心需要用户登录后才能访问，该页面主要分为用户基本信息和歌曲播放记录，说明如下。

- 用户基本信息：显示当前用户的用户头像和用户名，并设有用户退出登录链接。
- 歌曲播放记录：播放记录来自于歌曲播放页面的播放列表，并对播放记录进行分页显示。

用户注册和登录页面如图 11-7 所示。

图 11-7 用户注册和登录

用户的注册和登录是由同一个页面实现两个不同的功能,注册与登录都是通过 JavaScript 脚本来控制显示的,其说明如下。

- 用户注册:填写用户名、手机号和用户密码,其中用户名和手机号码具有唯一性,而且不能为空。
- 用户登录:根据用户注册时所填写的手机号码或用户名实现用户登录。

11.2 数据库设计

从网站的需求与网站设计可以得知,歌曲信息是整个网站最为核心的数据。因此,设置网站的数据结构时,应以歌曲信息为核心数据,逐步向外扩展相关联的数据信息。我们将歌曲信息的数据表命名为 song,歌曲信息表 song 的数据结构如表 11-1 所示。

表11-1 歌曲信息表song的数据结构

表字段	字段类型	含义
song_id	Int类型,长度为11	主键
song_name	Varchar类型,长度为50	歌曲名称
song_singer	Varchar类型,长度为50	歌曲的演唱歌手
song_time	Varchar类型,长度为10	歌曲的播放时长
song_album	Varchar类型,长度为50	歌曲所属专辑
song_languages	Varchar类型,长度为20	歌曲的语种
song_type	Varchar类型,长度为20	歌曲的风格类型
song_release	Varchar类型,长度为20	歌曲的发行时间
song_img	Varchar类型,长度为20	歌曲封面图片路径
song_lyrics	Varchar类型,长度为50	歌曲的歌词文件路径
song_file	Varchar类型,长度为50	歌曲的文件路径
label_id	Int类型,长度为11	外键,关联歌曲分类表

从表 11-1 可以看到,歌曲信息表 song 的字段以 Varchar 类型定义,数据表记录了歌曲的基本信息,如歌名、歌手、时长、所属专辑、语种、流派、发行时间、歌词、歌曲封面和歌曲文件,其中歌曲封面、歌词和歌曲文件是以路径的形式记录在数据库中的。一般来说,如果网站中涉及文件的使用,数据库最好记录文件的访问路径。若将文件的内容直接写入数据库中,则会对数据库造成一定的压力,从而降低网站的响应速度。

在歌曲信息表 song 的字段 label_id 可以知道，歌曲信息表 song 关联歌曲分类表，我们将歌曲分类表命名为 label，歌曲分类表主要实现网站首页的音乐分类，其数据结构如表 11-2 所示。

表11-2 歌曲分类表的数据结构

表字段	字段类型	含义
label_id	Int类型，长度为11	主键
label_name	Varchar类型，长度为10	歌曲的分类标签

在网站需求中，还会涉及歌曲动态信息，因此延伸出歌曲动态表。歌曲动态表用于记录歌曲的播放次数、搜索次数和下载次数，并且与歌曲信息表 song 实现一对一的数据关系，也就是一首歌曲只有一条动态信息。将歌曲动态表命名为 dynamic，其数据结构如表 11-3 所示。

表11-3 歌曲动态表的数据结构

表字段	字段类型	含义
dynamic_id	Int类型，长度为11	主键
dynamic_plays	Int类型，长度为11	歌曲的播放次数
dynamic_search	Int类型，长度为11	歌曲的搜索次数
dynamic_down	Int类型，长度为11	歌曲的下载次数
song_id	Int类型，长度为11	外键，关联歌曲信息表

最后还有与歌曲信息表 song 相互关联的歌曲点评表，该表主要用于歌曲点评页面。从歌曲点评页面可以知道，一首歌可以有多条点评信息，说明歌曲信息表 song 和歌曲点评表存在一对多的数据关系。将歌曲点评表命名为 comment，其数据结构如表 11-4 所示。

表11-4 歌曲点评表的数据结构

表字段	字段类型	含义
comment_id	Int类型，长度为11	主键
comment_text	Varchar类型，长度为500	歌曲的点评内容
comment_user	Varchar类型，长度为20	用户名
comment_date	Varchar类型，长度为50	点评日期
song_id	Int类型，长度为11	外键，关联歌曲信息表

至此，我们以歌曲信息表 song 为核心数据表，从而延伸出歌曲分类表 label、歌曲动态表 dynamic 和歌曲点评表 comment。4 张数据表的表结构以及表关系如图 11-8 所示。

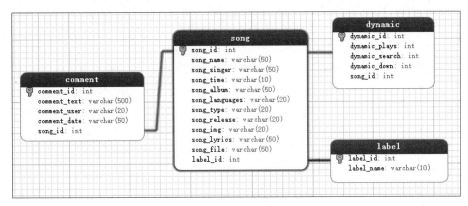

图 11-8 数据表结构以及表关系

除此之外，还有网站的用户管理功能，用户管理功能由用户表 myuser 提供用户信息。用户表 myuser 由 Django 内置模型 User 扩展而成，其数据结构如表 11-5 所示。

表11-5 用户表的数据结构

表字段	字段类型	含义
Id	Int类型，长度为11	主键
Password	Varchar类型，长度为128	用户密码
last_login	Datetime类型，长度为6	上次登录时间
is_superuser	Tinyint类型，长度为1	超级用户
Username	Varchar类型，长度为150	用户名
first_name	Varchar类型，长度为30	用户的名字
last_name	Varchar类型，长度为150	用户的姓氏
Email	Varchar类型，长度为254	邮箱地址
is_staff	Tinyint类型，长度为1	登录Admin权限
is_active	Tinyint类型，长度为1	用户的激活状态
date_joined	Datetime类型，长度为6	用户创建的时间
Qq	Varchar类型，长度为20	用户的QQ号码
weChat	Varchar类型，长度为20	用户的微信号码
Mobile	Varchar类型，长度为11	用户的手机号码

11.3 项目创建与配置

我们对音乐网站的需求与设计有了大概的了解，下一步将需求与设计落实到真正开发中。我们选择 Python 3.5 或以上版本 + Django 2.0 或以上版本 + MySQL + PyCharm 作为网站的开发工具，开发环境是 Windows 操作系统。

首先在 CMD 窗口下创建 Django 项目，项目命名为 music，然后在项目 music 中分别创建项目应用 index、ranking、play、comment、search 和 user，创建指令如下：

```
# 创建 music 项目
E:\>django-admin startproject music
# 创建项目应用 index、ranking、play、comment、search 和 user
E:\>cd music
E:\music>python manage.py startapp index
E:\music>python manage.py startapp ranking
E:\music>python manage.py startapp play
E:\music>python manage.py startapp comment
E:\music>python manage.py startapp search
E:\music>python manage.py startapp user
```

完成项目和项目应用的创建后，我们在项目 music 的根目录下创建文件夹 templates 和 static，两者分别存放模板文件和静态资源文件。然后在文件夹 templates 中放置公用模板 title_base.html，而在文件夹 static 目录下创建文件夹 css、js、font、image、songFile、songLyric 和 songImg 以及放置图片 favicon.ico，文件夹 static 的目录说明如下：

- css 是存放全网站的 CSS 样式的文件。
- js 是存放全网站的 JS 脚本的文件。
- font 是存放网站字体的文件。
- image 是存放网站页面的图片。
- songFile 是存放歌曲的文件。
- songLyric 是存放歌词的文件。
- songImg 是存放歌曲封面的文件。
- favicon.ico 是网站 LOGO 图片。

项目music的目录结构是根据网站的需求与设计进行搭建的，不同的需求与设计都会导致项目的目录结构有所不同。我们打开PyCharm查看项目music的目录结构，如图11-9所示。

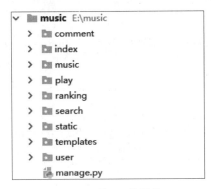

图11-9 项目目录结构

项目目录结构搭建完成后，下一步是对项目进行相关的配置，配置信息主要在配置文件settings.py中完成。我们对项目music的属性INSTALLED_APPS、MIDDLEWARE、TEMPLATES和DATABASES进行相关配置，配置信息如下：

```
# 添加新增的项目应用index、ranking、play、comment、search和user
INSTALLED_APPS = [
    'django.contrib.admin',
    'django.contrib.auth',
    'django.contrib.contenttypes',
    'django.contrib.sessions',
    'django.contrib.messages',
    'django.contrib.staticfiles',
    'index',
    'ranking',
    'user',
    'play',
    'search',
    'comment',
]

# 添加中间件LocaleMiddleware
MIDDLEWARE = [
    'django.middleware.security.SecurityMiddleware',
    'django.contrib.sessions.middleware.SessionMiddleware',
    # 使用中文
    'django.middleware.locale.LocaleMiddleware',
```

```python
        'django.middleware.common.CommonMiddleware',
        'django.middleware.csrf.CsrfViewMiddleware',
        'django.contrib.auth.middleware.AuthenticationMiddleware',
        'django.contrib.messages.middleware.MessageMiddleware',
        'django.middleware.clickjacking.XFrameOptionsMiddleware',
]

# 设置模板路径，在每个 App 中分别创建模板文件夹 templates
TEMPLATES = [
    {
        'BACKEND': 'django.template.backends.django.DjangoTemplates',
        'DIRS': [os.path.join(BASE_DIR, 'templates'),
                 os.path.join(BASE_DIR, 'index/templates'),
                 os.path.join(BASE_DIR, 'ranking/templates'),
                 os.path.join(BASE_DIR, 'user/templates'),
                 os.path.join(BASE_DIR, 'play/templates'),
                 os.path.join(BASE_DIR, 'comment/templates'),
                ],
        'APP_DIRS': True,
        'OPTIONS': {
            'context_processors': [
                'django.template.context_processors.debug',
                'django.template.context_processors.request',
                'django.contrib.auth.context_processors.auth',
                'django.contrib.messages.context_processors.messages',
            ],
        },
    },
]

# 设置数据库连接信息，项目使用的数据库为 music_db
DATABASES = {
    'default': {
        'ENGINE': 'django.db.backends.mysql',
        'NAME': 'music_db',
        'USER':'root',
        'PASSWORD':'1234',
        'HOST':'127.0.0.1',
        'PORT':'3306',
    }
}
```

任何一个项目都需要对配置属性 INSTALLED_APPS、MIDDLEWARE、TEMPLATES 和 DATABASES 进行配置，这是一个项目的常规配置。完成项目配置后，我们接着对项目的 URL 进行配置。在项目的 urls.py 中分别对新建的 App 设置相应的 URL 地址，设置如下：

```
from django.contrib import admin
from django.urls import path, include
# 配置URL地址信息
urlpatterns = [
    path('admin/', admin.site.urls),
    path('', include('index.urls')),
    path('ranking.html', include('ranking.urls')),
    path('play/', include('play.urls')),
    path('comment/', include('comment.urls')),
    path('search/', include('search.urls')),
    path('user/', include('user.urls')),
]
```

至此，音乐网站的开发环境基本上已搭建完毕。在整个项目搭建过程中，我们总结出 Django 开发环境的搭建流程，其说明如下：

- 创建 Django 项目，可以在 CMD 窗口下输入创建指令或者在 PyCharm 下实现项目新建。
- 创建项目的 App 应用，创建方式也是在 CMD 窗口或者 PyCharm 下实现。
- 在项目的根目录下新建文件夹 templates 和 static，分别存放模板文件和静态资源。
- 设置项目的配置信息，由 settings.py 实现，常规的配置属性有 INSTALLED_APPS、MIDDLEWARE、TEMPLATES 和 DATABASES。
- 根据项目的 App 或者项目的页面来设定网站的 URL 地址信息，由项目的 urls.py 实现。

11.4 网站首页

网站首页是整个网站的主界面，从网站的需求设计来看，首页共实现 7 个功能：歌曲搜索、轮播图、音乐分类、热门歌曲、新歌推荐、热门搜索和热门下载。在项目 music 中，首页由项目应用 index 实现，我们在 index 中创建模板文件夹 templates，在文件夹中放置模板文件 index.html，如图 11-10 所示。

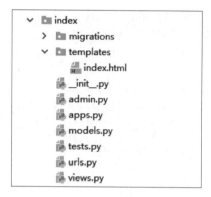

图 11-10 index 目录结构

首页的歌曲信息应该来自于数据库，除了 Django 内置的数据表之外，根据项目的数据库设计得知，网站一共定义了 4 张数据表，为了方便管理，我们将 4 张数据表所对应的模型都在 index 的 models.py 中进行定义，模型定义如下：

```python
# index 的 models.py
from django.db import models

# 歌曲分类表 label
class Label(models.Model):
    label_id = models.AutoField('序号', primary_key=True)
    label_name = models.CharField('分类标签', max_length=10)
    def __str__(self):
        return self.label_name
    class Meta:
        # 设置 Admin 界面的显示内容
        verbose_name = '歌曲分类'
        verbose_name_plural = '歌曲分类'

# 歌曲信息表 song
class Song(models.Model):
    song_id = models.AutoField('序号', primary_key=True)
    song_name = models.CharField('歌名', max_length=50)
    song_singer = models.CharField('歌手', max_length=50)
    song_time = models.CharField('时长', max_length=10)
    song_album = models.CharField('专辑', max_length=50)
    song_languages = models.CharField('语种', max_length=20)
    song_type = models.CharField('类型', max_length=20)
    song_release = models.CharField('发行时间', max_length=20)
    song_img = models.CharField('歌曲图片', max_length=20)
    song_lyrics = models.CharField('歌词', max_length=50, default='暂无歌词')
```

```python
        song_file = models.CharField('歌曲文件', max_length=50)
        label = models.ForeignKey(Label, on_delete=models.CASCADE,verbose_
name='歌名分类')
        def __str__(self):
            return self.song_name
        class Meta:
            # 设置Admin界面的显示内容
            verbose_name = '歌曲信息'
            verbose_name_plural = '歌曲信息'

    # 歌曲动态表dynamic
    class Dynamic(models.Model):
        dynamic_id = models.AutoField('序号', primary_key=True)
        song = models.ForeignKey(Song, on_delete=models.CASCADE, verbose_
name='歌名')
        dynamic_plays = models.IntegerField('播放次数')
        dynamic_search = models.IntegerField('搜索次数')
        dynamic_down = models.IntegerField('下载次数')
        class Meta:
            # 设置Admin界面的显示内容
            verbose_name = '歌曲动态'
            verbose_name_plural = '歌曲动态'

    # 歌曲点评表comment
    class Comment(models.Model):
        comment_id = models.AutoField('序号', primary_key=True)
        comment_text = models.CharField('内容', max_length=500)
        comment_user = models.CharField('用户', max_length=20)
        song = models.ForeignKey(Song, on_delete=models.CASCADE,verbose_
name='歌名')
        comment_date = models.CharField('日期', max_length=50)
        class Meta:
            # 设置Admin界面的显示内容
            verbose_name = '歌曲评论'
            verbose_name_plural = '歌曲评论'
```

上述代码定义了模型Label、Song、Dynamic和Comment，分别对应歌曲分类表label、歌曲信息表song、歌曲动态表dynamic和歌曲点评表comment。我们根据模型的定义在项目的数据库中创建相应的数据表，在PyCharm的Terminal模式下输入数据迁移指令：

```
# 根据models.py的内容生成相关的.py文件，该文件用于创建数据表
E:\music>python manage.py makemigrations
Migrations for 'index':
  index\migrations\0001_initial.py
```

```
  - Create model Comment
  - Create model Dynamic
  - Create model Label
  - Create model Song
  - Add field song to dynamic
  - Add field song to comment
# 创建数据表
E:\music>python manage.py migrate
```

我们打开数据库 music_db 可以看到项目所有已定义的模型都能转换成相应的数据表，在数据表 index_label、index_song 和 index_dynamic 中分别添加网站开发所需的数据信息，如图 11-11 和图 11-12 所示。

 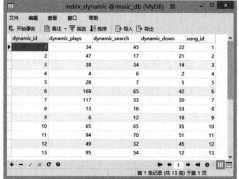

图 11-11 数据表 index_label（左）和数据表 index_dynamic（右）

图 11-12 数据表 index_song

值得注意的是，数据表 index_song 的字段 song_img、song_lyrics 和 song_file 的数据分别代表静态文件夹 songImg、songLyric 和 songFile 里面的文件名。在实际的开发中，文件的存储都是采用文件服务器存放的，比如阿里云的云存储 OSS 和腾讯云的对象存储 COS 等。

至此，网站的数据模型和数据表的数据已经部署完毕，下一步是实现网站首页的开发。网站首页主要由 index 的路由配置 urls.py、视图 views.py 和模板 index.html 共同实现，代码如下：

```python
# index 的 urls.py
from django.urls import path
from . import views
# 设置首页的 URL 地址信息
urlpatterns = [
    path('', views.indexView, name='index'),
]

# index 的 views.py
from django.shortcuts import render
from .models import *
def indexView(request):
    # 热搜歌曲
    search_song = Dynamic.objects.select_related('song').order_by('-dynamic_search').all()[:8]
    # 音乐分类
    label_list = Label.objects.all()
    # 热门歌曲
    play_hot_song = Dynamic.objects.select_related('song').order_by('-dynamic_plays').all()[:10]
    # 新歌推荐
    daily_recommendation = Song.objects.order_by('-song_release').all()[:3]
    # 热门搜索、热门下载
    search_ranking = search_song[:6]
    down_ranking = Dynamic.objects.select_related('song').order_by('-dynamic_down').all()[:6]
    all_ranking = [search_ranking, down_ranking]
    return render(request, 'index.html',locals())
```

上述代码将首页的响应处理交给视图函数 indexViews 执行，并且将首页的 URL 命名为 index，URL 的命名可以在模板上使用 Django 内置的 url 标签生成相应的 URL 地址。视图函数 indexViews 一共执行了 5 次数据查询，其说明如下。

- search_song：通过歌曲的搜索次数进行降序查询，由 Django 内置的 select_related 方法实现模型 Song 和 Dynamic 的数据查询。
- label_list：查询模型 Label 的全部数据，数据显示在首页轮播图左侧的音乐分类中。
- play_hot_song：由 select_related 方法实现模型 Song 和 Dynamic 的数据查询，查询结果以歌曲的播放次数进行降序排列，数据显示在首页轮播图右侧的热门歌曲中。
- daily_recommendation：以歌曲发行时间的先后顺序查询前三首歌曲的信息，数据显示在首页的新歌推荐中。
- all_ranking：由热门搜索和热门下载组成的列表。热门搜索的数据来自于 search_song；热门下载用于获取下载次数排在前 6 行的歌曲信息。

最后在模板 index.html 中编写模板语法，将视图函数 indexViews 查询所得的数据对象通过遍历的方式呈现在网页上。由于模板 index.html 的代码较多，此处只列出首页的功能代码，完整的模板代码可在下载资源中查看。模板 index.html 的功能代码如下：

```
# 模板 index.html 的功能代码
# 首页的搜索框，由 HTML 表单实现，{% url 'search' XXX %} 是搜索页面的地址链接
<form id="searchForm" action="{% url 'search' 1 %}" method="post" target="_blank">
    {% csrf_token %}
    <div class="search-keyword">
        <input name="kword" type="text" class="keyword" maxlength="120" placeholder="音乐节" />
    </div>
    <input id="subSerch" type="submit" class="search-button" value=" 搜 索 " />
</form>
# 搜索框下面的热门搜索歌曲，{% url 'play' XXX %} 是播放页面的地址链接
<div id="suggest" class="search-suggest"></div>
<div class="search-hot-words">
{% for song in search_song %}
    <a target="play" href="{% url 'play' song.song.song_id %}" >{{ song.song.song_name }}</a>
{% endfor %}
</div>

# 网站导航栏
<ul class="nav clearfix">
<li><a href="/"> 首页 </a></li>
<li><a href="{% url 'ranking' %}" target="_blank">歌曲排行 </a></li>
```

```
        <li><a href="{% url 'home' 1 %}" target="_blank">用户中心</a></li>
    </ul>

    # 音乐分类，位于轮播图的左侧
    <div class="category-nav-body">
    <div id="J_CategoryItems" class="category-items">
    {% for label in label_list %}
        <div class="item" data-index="1"><h3>
            <a href="javascript:;">{{ label.label_name }}</a></h3>
        </div>
    {% endfor %}
    </div>
    </div>

    # 轮播图，{% url 'play' 12 %} 是播放页面的地址链接
    <div id="J_FocusSlider" class="focus">
    <div id="bannerLeftBtn" class="banner_btn"></div>
    <ul class="focus-list f_w">
        <li class="f_s"><a target="play" href="{% url 'play' 12 %}" class="layz_load" >
            <img data-src="{% static '/image/datu-1.jpg' %}" width="750" height="275"></a>
        </li>
        <li class="f_s"><a target="play" href="{% url 'play' 13 %}" class="layz_load" >
            <img data-src="{% static '/image/datu-2.jpg' %}" width="750" height="275"></a>
        </li>
    </ul>
    <div id="bannerRightBtn" class="banner_btn"></div>
    </div>

    # 热门歌曲，位于轮播图的右侧。{{ forloop.counter }} 用于显示当前循环次数
    <div class="aside">
    <h2> 热门歌曲 </h2>
    <ul>
    {% for song in play_hot_song %}
        <li><span>{{ forloop.counter }}</span>
        <a target="play" href="{% url 'play' song.song.song_id %}" >{{ song.song.song_name }}</a>
        </li>
    {% endfor %}
    </ul>
    </div>

    # 新歌推荐
    <div id="J_TodayRec" class="today-list">
```

```
    <ul>
    {% for list in daily_recommendation %}
    {% if forloop.first %}
        <li class="first">
    {% else %}
        <li>
    {% endif %}
    <a class="pic layz_load pic_po" target="play" href="{% url 'play' list.song_id %}" >
        <img data-src="{% static "songImg/" %}{{ list.song_img }}"  ></a>
    <div class="name">
        <h3><a target="play" href="{% url 'play' list.song_id %}" >{{ list.song_name }}</a></h3>
        <div class="singer"><span>{{ list.song_singer }}</span></div>
        <div class="times">发行时间：<span>{{ list.song_release }}</span></div>
    </div>
    <a target="play" href="{% url 'play' list.song_id %}" class="today-buy-button" >去听听</a>
    {% endfor %}
    </ul>
    </div>

    # 热门搜索和热门下载
    <div id="J_Tab_Con" class="tab-container-cell">
    {% for list in all_ranking %}
    {% if forloop.first %}
        <ul class="product-list clearfix t_s current">
    {% else %}
        <ul class="product-list clearfix t_s" style="display:none;">
    {% endif %}
    # 嵌套循环
    {% for songs in list %}
    <li>
        <a target="play" href="{%url 'play' songs.song.song_id%}" class="pic layz_load pic_po">
            <img data-src="{% static "songImg/" %}{{ songs.song.song_img }}" ></a>
        <h3>
        <a target="play" href="{%url 'play' songs.song.song_id%}">{{songs.song.song_name}}</a>
        </h3>
        <div class="singer"><span>{{ songs.song.song_singer }}</span></div>
        {% if all_ranking|first == list %}
            <div class="times">搜索次数：<span>{{ songs.dynamic_search }}</span></div>
        {% else %}
            <div class="times">下载次数：<span>{{ songs.dynamic_down }}</
```

```
span></div>
      {% endif %}
    </li>
{% endfor %}
</ul>
{% endfor %}
</div>
```

从模板的功能代码可以看到,每个功能都是通过遍历的方式将视图函数传递的变量进行输出,还有部分功能在数据列举的过程中,通过判断当前循环次数来控制 HTML 标签的样式。为了检验首页是否正常运行,启动 music 项目,在浏览器上访问 http://127.0.0.1:8000/,运行结果如图 11-13 所示。

图 11-13 网站首页

11.5 歌曲排行榜

歌曲排行榜是通过首页的导航链接进入的,按照歌曲的播放次数进行降序显示。从排行榜页面的设计图可以看到,网页实现三个功能:网页顶部搜索、歌曲分类筛选和歌曲信息列表,其说明如下。

网页顶部搜索:每个网页都具备的基本功能,而且每个网页的实现方式和原理是相同的。

歌曲分类筛选:根据歌曲信息表 song 的 song_type 字段对歌曲进行筛选,并显示在网页左侧的歌曲分类中。

歌曲信息列表：在网页上显示播放次数排在前 10 条的歌曲信息。

歌曲排行榜是由项目 music 的项目应用 ranking 实现的，我们在 ranking 目录下创建模板文件夹 templates 并且在文件夹中放置模板文件 ranking.html，如图 11-14 所示。

图 11-14 ranking 目录结构

歌曲排行榜是由 ranking 的 urls.py、views.py 和 ranking.html 实现的。在 ranking 的 urls.py 中设置歌曲排行榜的 URL 地址信息，并在 views.py 中编写相应的 URL 处理函数，其代码如下：

```python
# ranking 的 urls.py
from django.urls import path
from . import views
urlpatterns = [
    path('', views.rankingView, name='ranking'),
]

# ranking 的 views.py
from django.shortcuts import render
from index.models import *
def rankingView(request):
    # 热搜歌曲
    search_song = Dynamic.objects.select_related('song').order_by('-dynamic_search').all()[:4]
    # 歌曲分类列表
    All_list = Song.objects.values('song_type').distinct()
    # 歌曲列表信息
    song_type = request.GET.get('type', '')
    if song_type:
        song_info = Dynamic.objects.select_related('song').filter(song__
```

```
song_type=song_type).
                            order_by('-dynamic_plays').all()[:10]
        else:
            song_info = Dynamic.objects.select_related('song').order_by('-dynamic_plays').all()[:10]
        return render(request, 'ranking.html', locals())
```

上述代码将歌曲排行榜的响应处理交给视图函数 rankingView 执行，并且将 URL 命名为 ranking。视图函数 rankingView 一共执行了三次数据查询，其说明如下。

- search_song：通过歌曲的搜索次数进行降序查询，由 Django 内置的 select_related 方法实现模型 Song 和 Dynamic 的数据查询。
- All_list：对模型 Song 的字段 song_type 进行去重查询。
- song_info：根据用户的 GET 请求参数进行数据查询。若请求参数为空，则对全部歌曲进行筛选，获取播放次数排在前 10 位的歌曲；若请求参数不为空，则根据参数内容进行歌曲筛选，获取播放次数排在前 10 位的歌曲。

根据视图函数 rankingView 所生成的变量，我们在模板 ranking.html 中编写相关的模板语法，由于模板 ranking.html 的代码较多，此处只列出相关的功能代码，完整的模板代码可在下载资源中查看。模板 ranking.html 的功能代码如下：

```
# 模板 index.html 的功能代码
# 排行榜的搜索框，由 HTML 表单实现，{% url 'search' XXX %}是搜索页面的地址链接
<form id="searchForm" action="{% url 'search' 1 %}" method="post" target="_blank">
    {% csrf_token %}
    <div class="search-keyword">
        <input name="kword" type="text" class="keyword" maxlength="120" placeholder="音乐节" />
    </div>
    <input id="subSerch" type="submit" class="search-button" value="搜 索" />
</form>
# 搜索框下面的热门搜索歌曲，{% url 'play' XXX %}是播放页面的地址链接
<div id="suggest" class="search-suggest"></div>
<div class="search-hot-words">
    {% for song in search_song %}
        <a target="play" href="{% url 'play' song.song.song_id %}" >{{ song.song.song_name }}</a>
    {% endfor %}
</div>
```

```html
# 网站导航栏
<ul class="nav clearfix">
<li><a href="/">首页 </a></li>
<li><a href="{% url 'ranking' %}" target="_blank">歌曲排行 </a></li>
<li><a href="{% url 'home' 1 %}" target="_blank">用户中心 </a></li>
</ul>

# 歌曲分类列表
<div class="side-nav">
<div class="nav-head">
    <a href="{% url 'ranking' %}">所有歌曲分类 </a>
</div>
<ul id="sideNav" class="cate-item">
{% for item in All_list %}
    <li class="computer">
        <div class="main-cate">
                # 构建URL并设置请求参数
            <a href="{% url 'ranking' %}?type={{ item.song_type }}"
                class="main-title">{{ item.song_type }}</a>
        </div>
    </li>
{% endfor %}
</ul>
</div>

# 歌曲列表信息
<table class="rank-list-table">
<tr>
    <th class="cell-1">排名 </th>
    <th class="cell-2">图片 </th>
    <th class="cell-3">歌名 </th>
    <th class="cell-4">专辑 </th>
    <th class="cell-5">下载量 </th>
    <th class="cell-6">播放量 </th>
</tr>
{% for item in song_info %}
<tr>
    {% if forloop.counter < 4 %}
    <td><span class="n1">{{ forloop.counter }}</span></td>
    {%else %}
    <td><span class="n2">{{ forloop.counter }}</span></td>
    {%endif %}
    <td>
          <a href="{% url 'play' item.song.song_id %}"  class="pic" target="play">
              <img src="{% static "songImg/"%}{{item.song.song_img}}" width="80" height="80"></a>
```

```
            </td>
            <td class="name-cell">
                    <h3><a href="{% url 'play' item.song.song_id %}"
                                target="play" >{{ item.song.song_name }}</a></h3>
            <div class="desc">
                    <a href="javascript:;" target="_blank" class="type" >{{item.song.song_singer}}</a>
            </div>
            </td>
            <td>
                    <div style="text-align:center;">{{ item.song.song_album }}</div>
            </td>
            <td>
                    <div style="text-align:center;">{{ item.dynamic_down }}</div>
            </td>
                    <td class="num-cell">{{ item.dynamic_plays }}</td>
    </tr>
    {% endfor %}
    </table>
```

从上述代码可以看到，模板将视图函数传递的变量进行遍历输出，从而生成相应的 HTML 网页内容，模板代码编写逻辑与首页的模板是相同的原理。为了检验网页是否正常显示，启动 music 项目，在浏览器上访问 http://127.0.0.1:8000/ranking.html，运行结果如图 11-15 所示。

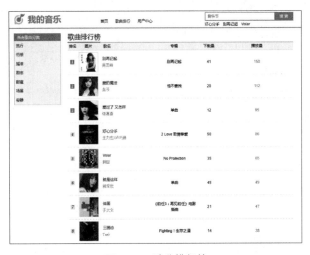

图 11-15 歌曲排行榜

在上述实现过程中，URL 的处理方式是由视图函数 rankingView 完成的，而视图函数 rankingView 主要实现数据查询并将查询结果传递给模板，因此，我们还可以使用通用视图来完成 URL 处理。使用通用视图实现视图函数 rankingView 的功能，只需在 ranking 的 urls.py 和 views.py 中编写相关代码即可实现，代码如下：

```python
# ranking 的 urls.py
from django.urls import path
from . import views
urlpatterns = [
    path('', views.rankingView, name='ranking'),
    # 通用视图
    path('.list', views.RankingList.as_view(), name='rankingList'),
]

# ranking 的 views.py
# 通用视图
from django.views.generic import ListView
from index.models import *
class RankingList(ListView):
    # context_object_name 设置 HTML 模板的某一个变量名称
    context_object_name = 'song_info'
    # 设定模板文件
    template_name = 'ranking.html'
    # 查询变量 song_info 的数据
    def get_queryset(self):
        # 获取请求参数
        song_type = self.request.GET.get('type', '')
        if song_type:
            song_info = Dynamic.objects.select_related('song').filter(song__song_type=song_type).\
                        order_by('-dynamic_plays').all()[:10]
        else:
            song_info = Dynamic.objects.select_related('song').\
                        order_by('-dynamic_plays').all()[:10]
        return song_info
    # 添加其他变量
    def get_context_data(self, **kwargs):
        context = super().get_context_data(**kwargs)
        # 搜索歌曲
        context['search_song'] = Dynamic.objects.select_related('song').\
                                    order_by('-dynamic_search').all()[:4]
        # 所有歌曲分类
        context['All_list'] = Song.objects.values('song_type').distinct()
        return context
```

上述代码中，我们在 ranking 的 urls.py 中设置通用视图的 URL 地址信息，命名为 rankingList，URL 的处理由 views.py 的 RankingList 执行。通用视图 RankingList 也是实现三次数据查询，数据查询与视图函数 rankingView 是相同的，最后由模板 ranking.html 处理变量并生成 HTML 网页。重启项目，在浏览器上访问 http://127.0.0.1:8000/ranking.html.list，运行结果如图 11-15 所示。

11.6 歌曲播放

在前面的章节中，网站首页和歌曲排行榜以数据查询为主，本节主要实现歌曲在线试听和歌曲下载功能，这也是整个网站的核心功能之一。从网站的设计图可以看到，歌曲播放页面主要实现的功能有：网页顶部搜索、歌曲的基本信息、当前播放列表、歌曲点评下载和相关歌曲推荐，功能说明如下。

- 网页顶部搜索：每个网页具有的基本功能，而且每个网页的实现方式和原理是相同的。
- 歌曲的基本信息：显示当前播放歌曲的基本信息，如歌名、歌手、专辑、歌曲封面和歌词等。
- 当前播放列表：记录用户的试听记录，并且可以对当前播放的歌曲进行切换。
- 歌曲点评下载：主要实现歌曲的点评和下载功能。歌曲点评通过地址链接进入歌曲点评页面，歌曲下载用于实现文件的下载功能。
- 相关歌曲推荐：根据当前播放歌曲的类型进行筛选，筛选结果以歌曲的播放次数进行排序，获取前 6 首歌曲信息，显示在网页的最下方。

歌曲播放是由项目 music 的 play 实现的。在 play 的目录下创建模板文件夹 templates 并且在文件夹中放置模板文件 play.html，如图 11-16 所示。

图 11-16 play 目录结构

我们在 play 的 urls.py、views.py 和 play.html 中编写相关的功能代码，实现歌曲的播放与下载功能。首先在 urls.py 中设置歌曲播放和歌曲下载的 URL 地址信息，并在 views.py 中编写相应的 URL 处理函数，其代码如下：

```python
# play 的 urls.py
from django.urls import path
from . import views
urlpatterns = [
    # 歌曲播放页面
    path('<int:song_id>.html', views.playView, name='play'),
    # 歌曲下载
    path('download/<int:song_id>.html',views.downloadView, name='download')
]

# play 的 views.py
from django.shortcuts import render
from django.http import StreamingHttpResponse
from index.models import *
# 歌曲播放页面
def playView(request, song_id):
    # 热搜歌曲
    search_song = Dynamic.objects.select_related('song').order_by('-dynamic_search').all()[:6]
    # 歌曲信息
    song_info = Song.objects.get(song_id=int(song_id))
    # 播放列表
    play_list = request.session.get('play_list', [])
    song_exist = False
    if play_list:
        for i in play_list:
            if int(song_id) == i['song_id']:
                song_exist = True
    if song_exist == False:
        play_list.append({'song_id': int(song_id), 'song_singer': song_info.song_singer,
                          'song_name': song_info.song_name, 'song_time': song_info.song_time})
    request.session['play_list'] = play_list
    # 歌词
    if song_info.song_lyrics != '暂无歌词':
        f = open('static/songLyric/' +song_info.song_lyrics, 'r', encoding='utf-8')
        song_lyrics = f.read()
        f.close()
    # 相关歌曲
```

```python
        song_type = Song.objects.values('song_type').get(song_id=song_id)['song_type']
        song_relevant = Dynamic.objects.select_related('song').filter(song__song_type=song_type).\
                                order_by('-dynamic_plays').all()[:6]
        # 添加播放次数
        # 扩展功能：可使用 session 实现每天只添加一次播放次数
        dynamic_info = Dynamic.objects.filter(song_id=int(song_id)).first()
        # 判断歌曲动态信息是否存在，存在就在原来的基础上加 1
        if dynamic_info:
            dynamic_info.dynamic_plays += 1
            dynamic_info.save()
        # 若动态信息不存在，则创建新的动态信息
        else:
            dynamic_info = Dynamic(dynamic_plays=1, dynamic_search=0, dynamic_down=0, song_id=song_id)
            dynamic_info.save()
        return render(request, 'play.html', locals())

    # 歌曲下载
    def downloadView(request, song_id):
        # 根据 song_id 查找歌曲信息
        song_info = Song.objects.get(song_id=int(song_id))
        # 添加下载次数
        dynamic_info = Dynamic.objects.filter(song_id=int(song_id)).first()
        # 判断歌曲动态信息是否存在，存在就在原来的基础上加 1
        if dynamic_info:
            dynamic_info.dynamic_down += 1
            dynamic_info.save()
        # 若动态信息不存在，则创建新的动态信息
        else:
            dynamic_info = Dynamic(dynamic_plays=0,dynamic_search=0,dynamic_down=1,song_id=song_id)
            dynamic_info.save()
        # 读取文件内容
        file = 'static/songFile/' + song_info.song_file
        def file_iterator(file, chunk_size=512):
            with open(file, 'rb') as f:
                while True:
                    c = f.read(chunk_size)
                    if c:
                        yield c
                    else:
                        break
        # 将文件内容写入 StreamingHttpResponse 对象，并以字节流的方式返回给用户，实现文件下载
        filename = str(song_id) + '.mp3'
```

```
        response = StreamingHttpResponse(file_iterator(file))
        response['Content-Type'] = 'application/octet-stream'
        response['Content-Disposition'] = 'attachment; filename="%s"'
%(filename)
        return response
```

从上述代码可以看到，play 的 urls.py 中设有两个 URL 地址，分别命名为 play 和 download。具体说明如下：

- 命名为 play 的 URL 代表歌曲播放页面的地址，并设有参数 song_id；参数 song_id 是当前的歌曲在歌曲信息表 song 中的主键，视图函数通过 URL 的参数来获取歌曲的信息。
- 命名为 download 的 URL 用于实现歌曲的下载功能。在歌曲播放页面可以看到"下载"按钮，该按钮是一个 URL 地址链接，当用户单击"下载"按钮时，网站触发一个 GET 请求，该请求指向命名为 download 的 URL，由视图函数 downloadView 处理并做出响应。

由于 urls.py 设有两个 URL 地址，因此 URL 对应的视图函数分别是 playView 和 downloadView。首先讲述视图函数 playView 实现的功能，视图函数 playView 分别实现 4 次数据查询、播放列表的设置、歌词的读取和播放次数的累加。

- search_song：获取热门搜索的歌曲信息，数据查询在前面的章节已讲述过，此处不再重复讲述。
- song_info：根据 URL 提供的参数 song_id 在歌曲信息表 song 中查询当前歌曲的信息。
- play_list：获取当前 Session 的 play_list 信息，play_list 代表用户的播放记录。将 URL 的参数 song_id 与 play_list 的 song_id 进行对比，如果两者匹配得上，说明当前歌曲已加入播放记录；如果匹配不上，将当前的歌曲信息加入 play_list。
- song_lyrics：当前歌曲的歌词内容。首先判断当前歌曲是否存在歌词文件，如果存在，就读取歌词文件的内容并赋值给变量 song_lyrics。
- song_relevant：根据 URL 提供的参数 song_id 在歌曲信息表 song 中查询当前歌曲的类型，然后根据歌曲类型查询同一类型的歌曲信息，并以歌曲的播放次数进行排序。

- dynamic_info：根据 URL 提供的参数 song_id 在歌曲动态表 dynamic 中查询当前歌曲的动态信息。如果不存在歌曲动态信息，就新建动态信息，并且播放次数累加 1；如果存在歌曲动态信息，就对原有的播放次数累加 1。

接着分析视图函数 downloadView 实现的功能，视图函数 downloadView 用于实现歌曲文件的下载功能，歌曲每下载一次，就要对歌曲的下载次数累加 1。因此，视图函数 downloadView 主要实现两个功能：歌曲下载次数的累加和文件下载，功能说明如下。

- dynamic_info：根据 URL 提供的参数 song_id 在歌曲动态表 dynamic 中查找歌曲的动态信息。如果不存在歌曲动态信息，就新建动态信息，并且下载次数累加 1；如果存在歌曲动态信息，就对原有的下载次数累加 1。
- response：网站的响应对象，由 StreamingHttpResponse 实例化生成。首先以字节流的方式读取歌曲文件内容，然后将文件内容写入 response 对象并设置 response 的响应类型，从而实现文件的下载功能。

我们根据视图函数 playView 和 downloadView 的响应内容进行分析，函数 playView 是在浏览器上返回相关的网页，函数 downloadView 是直接返回歌曲文件供用户下载。因此，我们对视图函数 playView 所使用的模板 play.html 进行代码编写。由于模板代码较多，此处只列举相关的功能代码，完整的模板代码可在本书提供的源代码中查看。代码说明如下：

```
# 模板 play.html 的功能代码
# 歌曲播放，播放功能由 Javascript 实现，Django 只需提供歌曲文件即可实现在线试听
<div id="jquery_jplayer_1" class="jp-jplayer"
        data-url={% static "songFile/" %}{{ song_info.song_file }}>
</div>

# 歌曲封面
<div class="jp_img layz_load pic_po" title=" 点击播放 ">
    <img data-src={% static "songImg/" %}{{ song_info.song_img }}>
</div>

# 歌词
<textarea id="lrc_content" style="display: none;">
    {{ song_lyrics }}
</textarea>
```

```
# 歌曲信息
<div class="product-price">
<h1 id="currentSong" >{{ song_info.song_name }}</h1>
<div class="product-price-info">
    <span>歌手：{{ song_info.song_singer }}</span>
</div>
<div class="product-price-info">
    <span>专辑：{{ song_info.song_album }}</span>
    <span>语种：{{ song_info.song_languages }}</span>
</div>
<div class="product-price-info">
    <span>流派：{{ song_info.song_type }}</span>
    <span>发行时间：{{ song_info.song_release }}</span>
</div>
</div>

# 播放列表
<ul class="playing-li" id="songlist">
{% for list in play_list %}
    # 设置当前歌曲的样式
    {%if list.song_id == song_info.song_id %}
        <li data-id="{{list.song_id}}" class="current">
    {%else %}
        <li data-id="{{list.song_id}}">
    {%endif %}
    # 设置歌曲列表的序号、歌名和歌手
    <span class="num">{{ forloop.counter }}</span>
    <a class="name" href="{%url 'play' list.song_id%}" target="play">{{list.song_name}}</a>
    <a class="singer" href="javascript:;" target="_blank" >{{list.song_singer}}</a>
    </li>
{%endfor %}
</ul>

# 相关歌曲
<ul id="" class="parts-list clearfix f_s">
{% for item in song_relevant %}
<li>
    # 将当前歌曲排除显示
    {% if item.song.song_id != song_info.song_id %}
    # 设置歌曲封面和歌曲播放链接
    <a class="pic layz_load pic_po" href="{% url 'play' item.song.song_id %}" target="play">
        <img data-src="{% static "songImg/" %}{{ item.song.song_img }}">
    </a>
```

```
# 设置歌名,歌名带播放链接
<h4><a href="{% url 'play' item.song.song_id %}" target="play">
        {{ item.song.song_name }}</a></h4>
# 设置歌手
<a href="javascript:;" class="J_MoreParts accessories-more">
        {{ item.song.song_singer }}</a>
    {% endif %}
</li>
{% endfor %}
</ul>
```

从上述代码可以看到,模板 play.html 将视图函数 playView 传递的变量进行遍历输出,从而生成相应的 HTML 网页内容。最后检验功能是否正常运行,我们重新启动 music 项目,在浏览器上访问 http://127.0.0.1:8000/ranking.html,运行结果如图 11-17 所示。

图 11-17 歌曲播放页

11.7 歌曲点评

歌曲点评是通过歌曲播放页的点评按钮而进入的页面,整个网站只能通过这种方式才能访问歌曲点评页。歌曲点评页主要实现两个功能:歌曲点评和歌曲点评信息列表,功能说明如下。

- 歌曲点评:主要为用户提供歌曲点评功能,以表单的形式实现数据提交。

- 歌曲点评信息列表：根据 URL 的参数 song_id 查找歌曲点评表 comment 的相关点评内容，然后以数据列表的方式显示在网页上。

在项目 music 中，歌曲点评由 comment 实现。在编写代码之前，在 comment 目录下创建模板文件夹 templates 并在文件夹中放置模板文件 comment.html，如图 11-18 所示。

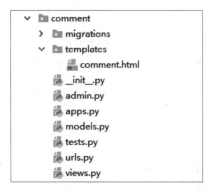

图 11-18 comment 目录结构

调整 comment 目录结构后，我们在 comment 的 urls.py、views.py 和 comment.html 中编写相关的功能代码。首先在 urls.py 中设置歌曲点评的 URL 地址信息，并在 views.py 中编写 URL 的处理函数，其代码如下：

```python
# comment 的 urls.py
from django.urls import path
from . import views
urlpatterns = [
    path('<int:song_id>.html', views.commentView, name='comment'),
]

# comment 的 views.py
from django.core.paginator import Paginator, EmptyPage, PageNotAnInteger
from django.shortcuts import render, redirect
from django.http import Http404
from index.models import *
import time
def commentView(request, song_id):
    # 搜索歌曲
    search_song = Dynamic.objects.select_related('song').order_by('-dynamic_search').all()[:6]
    # 点评提交处理
```

```python
        if request.method == 'POST':
            comment_text = request.POST.get('comment','')
            comment_user = request.user.username if request.user.username 
else '匿名用户'
            if comment_text:
                comment = Comment()
                comment.comment_text = comment_text
                comment.comment_user = comment_user
                comment.comment_date = time.strftime('%Y-%m-%d', time.
localtime(time.time()))
                comment.song_id = song_id
                comment.save()
            return redirect('/comment/%s.html' %(str(song_id)))
        else:
            song_info = Song.objects.filter(song_id=song_id).first()
            # 歌曲不存在，抛出404异常
            if not song_info:
                raise Http404
            comment_all = Comment.objects.filter(song_id=song_id).order_
by('comment_date')
            song_name = song_info.song_name
            page = int(request.GET.get('page',1))
            paginator = Paginator(comment_all, 2)
            try:
                contacts = paginator.page(page)
            except PageNotAnInteger:
                contacts = paginator.page(1)
            except EmptyPage:
                contacts = paginator.page(paginator.num_pages)
            return render(request, 'comment.html', locals())
```

从上述代码看到，urls.py 的 URL 设置了参数 song_id，参数值由歌曲播放页设置，我们将 URL 命名为 comment，响应处理由视图函数 commentView 执行。视图函数 commentView 根据不同的请求方式执行不同的响应处理，具体说明如下：

当用户从歌曲播放页进入歌曲点评页时，浏览器访问歌曲点评页的 URL 相当于向网站发送 GET 请求，视图函数 commentView 执行以下处理：

- 根据 URL 的参数 song_id 查询歌曲信息表 song，判断歌曲是否存在。如果歌曲不存在，网站抛出 404 错误信息。
- 如果歌曲存在，在歌曲点评表 comment 中查询当前歌曲的全部点评信息，然后获取 GET 请求的请求参数 page。参数 page 代表点评信息的分页页数，如果请求参数 page 不存在，默认页数为 1，如果存在，将参数值转换成 Int 类型。

- 根据歌曲的点评信息和页数进行分页处理，将每两条点评信息设置为一页。

如果用户在歌曲点评页填写点评内容并单击"发布"按钮，浏览器向网站发送 POST 请求，POST 请求由歌曲点评页的 URL 接收和处理，视图函数 commentView 执行以下处理：

- 首先获取表单里的点评内容，命名为 comment_text，然后获取当前用户名，如果当前用户没有登录网站，用户为匿名用户，用户名为 comment_user。
- 如果 comment_text 不为空，在歌曲点评表 comment 中新增一条点评信息，分别记录点评内容、用户名、点评日期和当前歌曲在歌曲信息表的主键。
- 最后以重定向的方式跳回歌曲点评页，网站的重定向可以防止表单多次提交，解决同一条点评信息重复创建的问题。

下一步在模板 comment.html 中编写相应的功能代码，模板 comment.html 实现 5 个功能，分别是网页的搜索框、网站导航链接、歌曲点评框、点评信息列表和列表的分页导航。其中，网页的搜索框和网站导航链接在前面的章节已讲述过，此处不再重复讲解。由于模板 comment.html 的代码较多，本章只列出歌曲点评框、点评信息列表和列表的分页导航的实现过程，具体的代码可以在本书源代码中查看。模板 comment.html 的功能代码如下：

```
# 模板 comment.html 的功能代码
# 歌曲点评框
<div class="comments-box-title">我要点评 <<{{ song_name }}>></div>
<div class="comments-default-score clearfix"></div>
<form action="" method="post" id="usrform">
{% csrf_token %}
<div class="writebox">
    <textarea name="comment" form="usrform"></textarea>
</div>
<div class="comments-box-button clearfix">
<input type="submit" value="发布" class="_j_cc_post_entry cc-post-entry" id="scoreBtn">
<div data-role="user-login" class="_j_cc_post_login"></div>
</div>
<div id="scoreTips2" style="padding-top:10px;"></div>
</form>

# 显示当前分页的歌曲点评信息，生成点评信息列表
<ul class="comment-list">
```

```
    {% for item in contacts.object_list %}
    <li class="comment-item ">
       <div class="comments-user">
       <span class="face">
       # 用户头像，统一使用默认头像
       <img src="{% static "image/user.jpg" %}" width="60" height="60">
       </span>
       </div>
       <div class="comments-list-content">
       <div class="single-score clearfix">
               # 点评日期和用户名
           <span class="date">{{ item.comment_date }}</span>
           <div><span class="score">{{ item.comment_user }}</span></div>
       </div>
       <!--comments-content-->
       <div class="comments-content">
             <div class="J_CommentContent comment-height-limit">
                   <div class="content-inner">
                         <div class="comments-words">
                                  # 点评内容
                               <p>{{ item.comment_text }}</p>
                         </div>
                   </div>
             </div>
       </div>
       </div>
    </li>
    {% endfor %}
    </ul>

    # 分页导航
    <div class="pagebar" id="pageBar">
    # 上一页的按钮
    {% if contacts.has_previous %}
       <a href="{% url 'comment' song_id %}?page={{ contacts.previous_page_
number }}"
                   class="prev" target="_self"><i></i> 上一页 </a>
    {% endif %}
    # 列举全部页数按钮
    {% for page in contacts.paginator.page_range %}
       {% if contacts.number == page %}
             <span class="sel">{{ page }}</span>
       {% else %}
             <a href="{% url 'comment' song_id %}?page={{ page }}"
target="_self">{{ page }}</a>
       {% endif %}
    {% endfor %}
```

```
# 下一页的按钮
{% if contacts.has_next %}
    <a href="{% url 'comment' song_id %}?page={{ contacts.next_page_number }}"
        class="next" target="_self">下一页 <i></i></a>
{% endif %}
</div>
```

从上述代码可以看到，歌曲点评框是一个 form 表单，表单通过编写 HTML 代码实现；点评信息列表和分页导航是在分页对象 contacts 的基础上实现的。我们启动项目 music，在浏览器上访问某首歌曲的点评页，如 http://127.0.0.1:8000/comment/6.html，运行结果如图 11-19 所示。

图 11-19 歌曲点评页

11.8 歌曲搜索

歌曲搜索页是通过触发网页顶部的搜索框而生成的网页，用户输入内容可以实现歌曲搜索，搜索结果在歌曲搜索页显示。歌曲搜索页由项目 music 的 search 实现，在 search 目录下创建模板文件夹 templates，并在文件夹中放置模板文件 search.html，如图 11-20 所示。

从前面的章节可以知道，网页顶部的搜索框是由 {% url 'search' 1 %} 的 URL 接收用户的

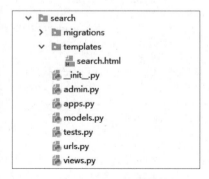

图 11-20 search 目录结构

搜索请求，该请求是一个 POST 请求。因此，我们在 search 的 urls.py 和 views.py 中编写相关的功能代码，代码如下：

```python
# search 的 urls.py
from django.urls import path
from . import views
urlpatterns = [
    path('<int:page>.html', views.searchView, name='search'),
]

# search 的 views.py
from django.shortcuts import render, redirect
from django.core.paginator import Paginator, EmptyPage, PageNotAnInteger
from django.db.models import Q
from index.models import *
def searchView(request, page):
    if request.method == 'GET':
        # 搜索歌曲
        search_song = Dynamic.objects.select_related('song').\
                        order_by('-dynamic_search').all()[:6]
        # 获取搜索内容，如果 kword 为空就查询全部歌曲
        kword = request.session.get('kword', '')
        if kword:
            # Q 是 SQL 语句里的 or 语法
            song_info = Song.objects.values('song_id', 'song_name',
                        'song_singer', 'song_time').filter(Q(song_name__
                        icontains=kword) | Q(song_singer=kword)).order_
                        by('-song_release').all()
        else:
            song_info = Song.objects.values('song_id', 'song_name',
                        'song_singer', 'song_time').order_by('-song_
                        release').all()[:50]
        # 分页功能
        paginator = Paginator(song_info, 5)
        try:
            contacts = paginator.page(page)
        except PageNotAnInteger:
            contacts = paginator.page(1)
        except EmptyPage:
            contacts = paginator.page(paginator.num_pages)
        # 添加歌曲搜索次数
        song_exist = Song.objects.filter(song_name=kword)
        if song_exist:
            song_id = song_exist[0].song_id
            dynamic_info = Dynamic.objects.filter(song_id=int(song_id)).
first()
```

```python
            # 判断歌曲动态信息是否存在，存在就在原来的基础上加 1
            if dynamic_info:
                dynamic_info.dynamic_search += 1
                dynamic_info.save()
            # 若动态信息不存在，则创建新的动态信息
            else:
                dynamic = Dynamic(dynamic_plays=0,dynamic_search=1,dynamic_down=0,song_id=song_id)
                dynamic.save()
        return render(request, 'search.html', locals())
    else:
        # 处理 POST 请求，并重定向搜索页面
        request.session['kword'] = request.POST.get('kword', '')
        return redirect('/search/1.html')
```

从上述代码看到，歌曲搜索页的 URL 命名为 search，响应处理由视图函数 searchView 执行，并且 URL 设置了参数 page，该参数代表搜索结果的分页页数。在 views.py 中分析视图函数 searchView，了解歌曲搜索的实现过程，说明如下：

- 当用户点击搜索框的"搜索"按钮后，程序根据 form 表单的 action 所指向的 URL 发送一个 POST 请求，URL 接收到请求后，将请求信息交给视图函数 searchView 进行处理。

- 如果视图函数 searchView 收到一个 POST 请求，首先将请求参数 kword 写入用户的 Session 进行存储，请求参数 kword 是搜索框的文本输入框，然后以重定向的方式跳回歌曲搜索页的 URL。

- 当歌曲搜索页的 URL 以重定向的方式访问时，相当于向网站发送一个 GET 请求，视图函数 searchView 首先获取用户的 Sesssion 数据，判断 Session 数据的 kword 是否存在。

- 如果 kword 存在，以 kword 作为查询条件，分别在歌曲信息表 song 的字段 song_name 和 song_singer 中进行模糊查询，并将查询结果以歌曲发行时间进行排序；如果 kword 不存在，以歌曲发行时间的先后顺序对歌曲信息表 song 进行排序，并且获取前 50 首的歌曲信息。

- 将查询结果进行分页处理，以每 5 首歌为一页的方式进行分页。其中，函数 searchView 的参数 page 是分页的页数。

- 根据搜索内容 kword 查找完全匹配的歌名，只有匹配成功，才会判断歌曲的动态信息是否存在。若动态信息存在，则对该歌曲的搜索次数累加 1，否则为

歌曲新建一条动态信息，并将搜索次数设为 1。
- 最后将分页对象 contacts 传递给模板 search.html，由模板引擎进行解析并生成相应的 HTML 网页。

当模板 search.html 接收分页对象 contacts 时，模板引擎会对模板语法进行解析并转换成 HTML 网页。我们根据分页对象 contacts 在模板 search.html 中编写相关的模板语法，分页对象 contacts 主要实现当前分页的数据列表和分页导航功能，其模板语法如下：

```
# 模板 search 的功能代码
# 当前分页的数据列表
<ul class="songlist__list">
{%for list in contacts.object_list %}
<li class="js_songlist__child">
    <div class="songlist__item">
        <div class="songlist__songname">
            <span class="songlist__songname_txt">
                <a href="{% url 'play' list.song_id %}"
                    class="js_song" target="play" >{{list.song_name}}</a>
            </span>
        </div>
        <div class="songlist__artist">
            <a href="javascript:;" class="singer_name" >{{list.song_singer}}</a>
        </div>
        <div class="songlist__time">{{list.song_time}}</div>
    </div>
</li>
{%endfor %}
</ul>

# 分页导航功能
<div class="pagebar" id="pageBar">
# 上一页的按钮
{% if contacts.has_previous %}
    <a href="{% url 'search' contacts.previous_page_number %}"
        class="prev" target="_self"><i></i>上一页 </a>
{% endif %}
# 列举全部页数按钮
{% for page in contacts.paginator.page_range %}
    {% if contacts.number == page %}
        <span class="sel">{{ page }}</span>
    {% else %}
```

```
            <a href="{% url'search'page %}"target="_self">{{page}}</a>
        {% endif %}
    {% endfor %}
    # 下一页的按钮
    {% if contacts.has_next %}
        <a href="{% url 'search' contacts.next_page_number %}"
                class="next" target="_self">下一页 <i></i></a>
    {% endif %}
</div>
```

从上述代码可知，歌曲搜索主要是 Django 分页功能的应用，除此之外还涉及歌曲搜索次数的累加和 Session 的使用。启动项目 music，在搜索框中进行两次搜索，第一次是有搜索内容进行搜索，第二次是没有搜索内容直接搜索，运行结果如图 11-21 所示。

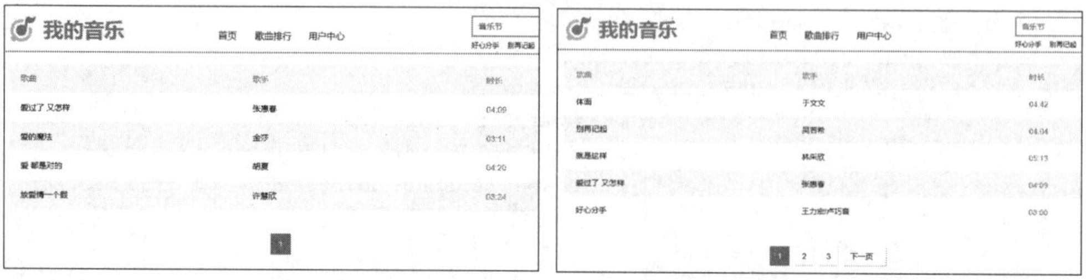

图 11-21 歌曲搜索页（左图有搜索内容、右图无搜索内容）

11.9 用户注册与登录

用户注册与登录是用户管理的必备功能之一，没有用户的注册与登录，就没有用户管理的存在。只要涉及用户方面的功能，我们都可以使用 Django 内置的 Auth 认证系统去实现。用户管理由项目 music 的 user 实现，在 user 目录下分别创建文件 form.py 和模板文件夹 templates，并且在文件夹 templates 中创建模板文件 login.html 和 home.html，如图 11-22 所示。

在 user 目录中，新建文件分别有 home.html、login.html 和 form.py，新建文件分别实现以下功能。

图 11-22 user 目录结构

- home.html：用户中心的模板文件，显示当前用户的基本信息和用户的歌曲播放记录。
- login.html：用户注册与登录的模板文件，注册和登录功能都是由同一个模板实现的。
- form.py：创建用户注册的表单类，用户注册功能由表单类实现。

由于项目 music 的用户管理是在 Django 内置的 Auth 认证系统的基础上实现的，因此我们采用 AbstractUser 方式对模型 User 进行扩展，在 user 的 models.py 中自定义用户模型 MyUser，代码如下：

```python
# user 的 models.py
from django.db import models
from django.contrib.auth.models import AbstractUser
class MyUser(AbstractUser):
    qq = models.CharField('QQ 号码', max_length=20)
    weChat = models.CharField('微信账号', max_length=20)
    mobile = models.CharField('手机号码', max_length=11, unique=True)
    # 设置返回值
    def __str__(self):
        return self.username
```

定义模型 MyUser 之后，还需要在项目的配置文件 settings.py 中设置配置属性 AUTH_USER_MODEL，否则执行数据迁移时，Django 还是默认使用内置模型 User。配置属性如下：

```python
# 配置文件 settings.py
# 配置自定义用户表 MyUser
AUTH_USER_MODEL = 'user.MyUser'
```

最后，在 PyCharm 的 Terminal 模式下输入数据迁移指令，在数据库中创建相应的数据表。我们打开数据库 music_db 查看数据表的创建情况，如图 11-23 所示。

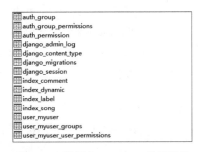

图 11-23 数据库 music_db 的表结构

实现用户的注册和登录之前，除了自定义用户模型 MyUser 之外，还需要定义用户注册的表单类。用户注册的表单类通过重写 Django 内置表单类 UserCreationForm 即可实现，我们在 user 的 form.py 中定义表单类 MyUserCreationForm，代码如下：

```python
from django.contrib.auth.forms import UserCreationForm
from .models import MyUser
from django import forms
# 定义 MyUser 的数据表单，用于用户注册
class MyUserCreationForm(UserCreationForm):
    # 重写初始化函数，设置自定义字段 password1 和 password2 的样式和属性
    def __init__(self, *args, **kwargs):
        super(MyUserCreationForm, self).__init__(*args, **kwargs)
        self.fields['password1'].widget = forms.PasswordInput(attrs=
            {'class': 'txt tabInput','placeholder':'密码,4-16位数字/字母/
                特殊符号（空格除外）'})
        self.fields['password2'].widget = forms.PasswordInput(attrs=
            {'class': 'txt tabInput','placeholder':'重复密码'})
    class Meta(UserCreationForm.Meta):
        model = MyUser
        # 在注册界面添加模型字段：手机号码和密码
        fields = UserCreationForm.Meta.fields +('mobile',)
        # 设置模型字段的样式和属性
        widgets = {
            'mobile': forms.widgets.TextInput(attrs={'class':
                'txt tabInput','placeholder':'手机号'}),'username':
                forms.widgets.TextInput(attrs={'class': 'txt
                tabInput','placeholder':'用户名'}),
        }
```

表单类 MyUserCreationForm 在父类 UserCreationForm 的基础上实现两个功能：添加用户注册的字段和设置字段的 CSS 样式，功能说明如下：

- 添加用户注册的字段：在 Meta 类对 fields 属性设置字段即可，添加的字段必须是模型字段并且以元组或列表的形式添加。
- 设置字段的 CSS 样式：设置表单字段 mobile、username、password1 和 password2 的 attrs 属性。其中，mobile 和 username 是模型 MyUser 的字段，所以在 Meta 类中重写 widgets 属性即可实现；而 password1 和 password2 是父类 UserCreationForm 额外定义的表单字段，所以重写初始函数 __init__ 可以实现字段样式设置。

完成模型 MyUser 的定义、数据迁移和表单类 MyUserCreationForm，接着在 user

的urls.py、views.py和login.html中实现用户的注册和登录功能。urls.py和views.py的功能代码如下：

```python
# user 的 urls.py
from django.urls import path
from . import views
urlpatterns = [
    # 用户的注册和登录
    path('login.html', views.loginView, name='login'),
    # 退出用户登录
    path('logout.html', views.logoutView, name='logout'),
]

# user 的 views.py
from django.shortcuts import render, redirect
from user.models import *
from django.db.models import Q
from django.contrib.auth import login, logout
from django.contrib.auth.hashers import check_password
from .form import MyUserCreationForm
# 用户注册与登录
def loginView(request):
    # 表单对象 user
    user = MyUserCreationForm()
    # 表单提交
    if request.method == 'POST':
        # 判断表单提交是用户登录还是用户注册
        # 用户登录
        if request.POST.get('loginUser', ''):
            loginUser = request.POST.get('loginUser', '')
            password = request.POST.get('password', '')
            if MyUser.objects.filter(Q(mobile=loginUser) | Q(username=loginUser)):
                user = MyUser.objects.filter(Q(mobile=loginUser) | Q(username=loginUser)).first()
                if check_password(password, user.password):
                    login(request, user)
                    return redirect('/user/home/1.html')
                else:
                    tips = '密码错误'
            else:
                tips = '用户不存在'
        # 用户注册
        else:
            user = MyUserCreationForm(request.POST)
            if user.is_valid():
```

```
            user.save()
            tips = '注册成功'
        else:
            if user.errors.get('username',''):
                tips = user.errors.get('username','注册失败')
            else:
                tips = user.errors.get('mobile', '注册失败')
    return render(request, 'login.html', locals())

# 退出登录
def logoutView(request):
    logout(request)
    return redirect('/')
```

上述代码实现了用户注册、登录与注销功能，其中注销功能是由 Django 的内置函数 logout 实现的，此功能实现过程较为简单，此处不做过多介绍。我们主要分析用户注册和登录功能的实现过程，由于注册和登录都是使用模板 login.html，因此将两个功能放在同一个视图函数 loginView 中执行处理。用户注册和登录的实现过程如下：

- 首先视图函数 loginView 判断用户的请求方式，如果是 POST 请求，该请求可能是用户注册或者用户登录。
- 由于注册和登录的文本输入框的命名不同，因此通过判断请求参数 loginUser 的内容是否为空即可分辨当前用户是执行用户登录还是用户注册，请求参数 loginUser 代表用户登录的账号。
- 若当前请求执行的是用户登录，则以参数 request 的方式获取请求参数 loginUser 和 password，然后在模型 MyUser 中查找相关的用户信息并进行验证处理。若验证成功，则返回用户中心页面，否则提示相应的错误信息。
- 若当前请求执行的是用户注册，则将请求参数加载到表单类 MyUserCreationForm 中，生成用户对象 user，然后验证用户对象 user 的数据。若验证成功，则在模型 MyUser 中创建用户信息，否则提示相应的错误信息。

根据视图函数 loginView 的功能代码，在模板 login.html 中实现用户登录和注册的模板功能。由于模板 login.html 的代码较多，本章只列出用户登录和注册的功能代码，具体的代码可以在本书源代码中查看。模板 login.html 的功能代码如下：

```
# 模板 login.html 的功能代码
# 用户登录
<div class="login-box switch_box" style="display:block;">
<div class="title">用户登录</div>
<form id="loginForm" class="formBox" action="" method="post">
    {% csrf_token %}
    # 用户名或手机号
    <div class="itembox user-name">
        <div class="item">
            <input type="text" name="loginUser" placeholder="用户名或手机号"
                class="txt tabInput">
        </div>
    </div>
    # 登录密码
    <div class="itembox user-pwd">
        <div class="item">
            <input type="password" name="password" placeholder="登录密码"
                class="txt tabInput">
        </div>
    </div>
    # 信息提示
    {% if tips %}
        <div>提示：<span>{{ tips }}</span></div>
    {% endif %}
    # 登录按钮
    <div id="loginBtnBox" class="login-btn">
        <input id="J_LoginButton" type="submit" value="马上登录" class="tabInput pass-btn"/>
    </div>
    # 切换注册界面
    <div class="pass-reglink">还没有我的音乐账号？
        <a class="switch" href="javascript:;">免费注册</a>
    </div>
</form>
</div>

# 用户注册
<div class="regist-box switch_box" style="display:none;">
<div class="title">用户注册</div>
<form id="registerForm" class="formBox" method="post" action="">
   {% csrf_token %}
   <div id="registForm" class="formBox">
       # 用户名
```

```
    <div class="itembox user-name">
        <div class="item">{{ user.username }}</div>
    </div>
    # 手机号码
    <div class="itembox user-name">
        <div class="item">{{ user.mobile }}</div>
    </div>
    # 用户密码
    <div class="itembox user-pwd">
        <div class="item">{{ user.password1 }}</div>
    </div>
    # 用户密码
    <div class="itembox user-pwd">
        <div class="item">{{ user.password2 }}</div>
    </div>
    # 信息提示
    {% if tips %}
        <div>提示:<span>{{ tips }}</span></div>
    {% endif %}
    # 用户注册协议
    <div class="member-pass clearfix">
        <input id="agree" name="agree" checked="checked" type="checkbox" value="1">
        <label for="agree" class="autologon">已阅读并同意用户注册协议</label>
    </div>
    # 注册按钮
    <input type="submit" value=" 免费注册 " id="J_RegButton" class="pass-btn tabInput"/>
    # 切换登录界面
    <div class="pass-reglink">已有我的音乐账号,
        <a class="switch" href="javascript:;">立即登录</a>
    </div>
    </div>
</form>
</div>
```

从模板 login.html 的代码可以看到,用户登录和注册是由不同的表单分别实现的。其中,用户登录表单是由 HTML 代码编写实现的,因此视图函数 loginView 只能通过参数 request 的方式获取表单数据;用户注册表单是由 Django 的表单类 MyUserCreationForm 生成的,因此可以由表单类 MyUserCreationForm 获取表单数据。

上述例子分别列出了两种不同的表单的应用方式,两者各有优缺点,在日常开发过程中,应结合实际情况选择合适的表单应用方式。

11.10 用户中心

用户中心是项目应用 user 的另一个应用页面，主要在用户登录后显示用户基本信息和用户的歌曲播放记录。因此，用户访问用户中心时，必须检验当前用户的登录状态。由于用户中心是在 user 中实现的，因此在 user 的 urls.py 和 views.py 中添加以下代码：

```python
# user 的 urls.py
from django.urls import path
from . import views
urlpatterns = [
    # 用户的注册和登录
    path('login.html', views.loginView, name='login'),
    # 用户中心
    path('home/<int:page>.html', views.homeView, name='home'),
    # 退出用户登录
    path('logout.html', views.logoutView, name='logout'),
]

# user 的 views.py
from django.contrib.auth.decorators import login_required
from django.core.paginator import Paginator, EmptyPage, PageNotAnInteger
# 用户中心
# 设置用户登录限制
@login_required(login_url='/user/login.html')
def homeView(request, page):
    # 热搜歌曲
    search_song = Dynamic.objects.select_related('song').order_by('-dynamic_search').all()[:4]
    # 分页功能
    song_info = request.session.get('play_list', [])
    paginator = Paginator(song_info, 3)
    try:
        contacts = paginator.page(page)
    except PageNotAnInteger:
        contacts = paginator.page(1)
    except EmptyPage:
        contacts = paginator.page(paginator.num_pages)
    return render(request, 'home.html', locals())
```

从上述代码可以看到，用户中心的 URL 命名为 home，视图函数为 homeView，URL 的参数 page 代表页数。视图函数 homeView 实现歌曲播放记录的分页处理，歌曲播放记录来自于当前用户的播放列表，由 Session 的 play_list 进行存储。

但从网站的需求与设计来看，用户中心主要显示当前用户的基本信息和用户的歌曲播放记录。视图函数 homeView 只实现歌曲播放记录，而用户信息由 Django 自动完成。回顾 9.6 节可以知道，在配置文件 settings.py 中设置处理器 django.contrib.auth.context_processors.auth，当使用 Django 内置 Auth 实现用户登录时，Django 自动生成变量 user 和 perms 并传入模板变量 TemplateContext。因此，模板 home.html 的功能代码如下：

```
# home.html 的功能代码
# 用户信息
<div class="section_inner">
# 用户头像
<div class="profile__cover_link">
    <img src="{% static "image/user.jpg" %}" class="profile__cover">
</div>
# 用户名
<h1 class="profile__tit">
    <span class="profile__name">{{ user.username }}</span>
</h1>
# 退出登录
<a href="{% url 'logout' %}" style="color:white;">退出登录</a>
</div>

# 歌曲列表信息
<ul class="songlist__list">
{% for item in contacts.object_list %}
<li>
    <div class="songlist__item songlist__item--even">
    <div class="songlist__songname">
        <a href="{% url 'play' item.song_id %}"
           class="js_song songlist__songname_txt" >{{ item.song_name }}</a>
    </div>
    <div class="songlist__artist">
        <a href="javascript:;" class="singer_name">{{ item.song_singer }}</a>
    </div>
    <div class="songlist__time">{{ item.song_time }}</div>
    </div>
</li>
{% endfor %}
</ul>
```

```
# 分页导航按钮
<div class="pagebar" id="pageBar">
# 上一页的按钮
{% if contacts.has_previous %}
    <a href="{% url 'home' contacts.previous_page_number %}"
            class="prev" target="_self"><i></i> 上一页 </a>
{% endif %}
# 列举全部页数按钮
{% for page in contacts.paginator.page_range %}
    {% if contacts.number == page %}
        <span class="sel">{{ page }}</span>
    {% else %}
        <a href="{% url 'home' page %}" target="_self">{{ page }}</a>
    {% endif %}
{% endfor %}
# 下一页的按钮
{% if contacts.has_next %}
    <a href="{% url 'home' contacts.next_page_number %}"
            class="next" target="_self"> 下一页 <i></i></a>
{% endif %}
</div>
```

我们在浏览器上访问 http://127.0.0.1:8000/user/home/1.html，查看当前用户的基本信息和歌曲播放记录，如图 11-24 所示。

图 11-24 用户中心

11.11 Admin 后台系统

在前面的章节中，我们已完成网站界面的基本开发，接下来讲述网站 Admin 后台系统的开发。Admin 后台系统主要方便网站管理员管理网站的数据和网站用户。

玩转 Django 2.0

在项目 music 的 index 和 user 中分别定义模型 Label、Song、Dynamic、Comment 和 MyUser，由于 index 和 user 是两个独立的 App，因此在 Admin 后台系统中是区分两个功能模块的。

首先实现 index 在 Admin 后台系统的功能模块，在 index 的 __init__.py 和 admin.py 中分别编写以下代码：

```python
# index 的 __init__.py
# 对功能模块进行命名
from django.apps import AppConfig
import os
# 修改 App 在 Admin 后台显示的名称
# default_app_config 的值来自 apps.py 的类名
default_app_config = 'index.IndexConfig'

# 获取当前 App 的命名
def get_current_app_name(_file):
    return os.path.split(os.path.dirname(_file))[-1]

# 重写类 IndexConfig
class IndexConfig(AppConfig):
    name = get_current_app_name(__file__)
    verbose_name = '网站首页'

# index 的 admin.py
from django.contrib import admin
from .models import *
# 修改 title 和 header
admin.site.site_title = '我的音乐后台管理系统'
admin.site.site_header = '我的音乐'

# 模型 Label
@admin.register(Label)
class LabelAdmin(admin.ModelAdmin):
    # 设置模型字段，用于 Admin 后台数据的表头设置
    list_display = ['label_id', 'label_name']
    # 设置可搜索的字段并在 Admin 后台数据生成搜索框，如有外键应使用双下画线连接两个模型的字段
    search_fields = ['label_name']
    # 设置排序方式
    ordering = ['label_id']

# 模型 Song
@admin.register(Song)
class SongAdmin(admin.ModelAdmin):
    list_display = ['song_id','song_name','song_singer',
```

```
                                  'song_album','song_languages','song_release']
        search_fields = ['song_name','song_singer','song_album','song_
languages']
        # 设置过滤器,在后台数据的右侧生成导航栏,如有外键应使用双下画线连接两个模型的字段
        list_filter = ['song_singer','song_album','song_languages']
        ordering = ['song_id']

    # 模型 Dynamic
    @admin.register(Dynamic)
    class DynamicAdmin(admin.ModelAdmin):
        list_display = ['dynamic_id','song','dynamic_plays','dynamic_
search','dynamic_down']
        search_fields = ['song']
        list_filter = ['dynamic_plays','dynamic_search','dynamic_down']
        ordering = ['dynamic_id']

    # 模型 Comment
    @admin.register(Comment)
    class CommentAdmin(admin.ModelAdmin):
        list_display = ['comment_id','comment_text','comment_
user','song','comment_date']
        search_fields = ['comment_user','song','comment_date']
        list_filter = ['song','comment_date']
        ordering = ['comment_id']
```

从上述代码可以看到,index 的 __init__.py 用于设置功能模块的名称,admin.py 分别将模型 Label、Song、Dynamic 和 Comment 注册到 Admin 后台系统并设置相应的显示方式。在浏览器上访问 Admin 后台系统并使用超级管理员账号进行登录,在 Admin 的首页可以看到 index 的功能模块,如图 11-25 所示。

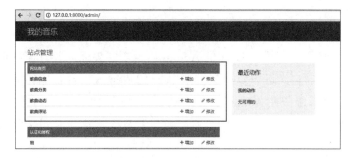

图 11-25 Admin 后台系统

最后在 user 的 __init__.py 和 admin.py 中将自定义模型 MyUser 注册到 Admin 后台系统,代码如下:

```python
# user 的 __init__.py
# 设置 App（user）的中文名
from django.apps import AppConfig
import os
# 修改 App 在 admin 后台显示的名称
# default_app_config 的值来自 apps.py 的类名
default_app_config = 'user.IndexConfig'

# 获取当前 App 的命名
def get_current_app_name(_file):
    return os.path.split(os.path.dirname(_file))[-1]

# 重写类 IndexConfig
class IndexConfig(AppConfig):
    name = get_current_app_name(__file__)
    verbose_name = '用户管理'

# user 的 admin.py
from django.contrib import admin
from .models import MyUser
from django.contrib.auth.admin import UserAdmin
from django.utils.translation import gettext_lazy as _
@admin.register(MyUser)
class MyUserAdmin(UserAdmin):
    list_display = ['username','email','mobile','qq','weChat']
    # 在用户信息修改界面添加 'mobile'、'qq'、'weChat' 的信息输入框
    # 将源码的 UserAdmin.fieldsets 转换成列表格式
    fieldsets = list(UserAdmin.fieldsets)
    # 重写 UserAdmin 的 fieldsets，添加 'mobile'、'qq'、'weChat' 的信息录入
    fieldsets[1] = (_('Personal info'),
                    {'fields': ('first_name', 'last_name', 'email', 'mobile', 'qq', 'weChat')})
```

由于模型 MyUser 继承 Django 内置模型 User，因此将 MyUserAdmin 继承 UserAdmin 即可使用内置模型 User 的 Admin 后台功能界面，并且通过重写的方式，根据模型 MyUser 的定义进一步调整模型 User 的 Admin 后台功能界面。在浏览器上访问 Admin 后台系统，在 Admin 首页找到名为"用户"的地址链接并单击访问，进入用户信息列表并修改某一用户信息，可以看到个人信息新增字段的信息，如图 11-26 所示。

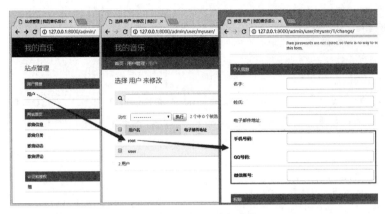

图 11-26 Admin 后台系统

11.12 自定义异常机制

网站的异常是一个普遍存在的问题，常见的异常以 404 或 500 为主。异常的出现主要是网站自身的数据缺陷或者人为不合理的访问所导致的。比如网站链接为 http://127.0.0.1:8000/play/6.html，其中链接中的 6 代表歌曲信息表的主键，如果在歌曲信息表中不存在该数据，那么网站应抛出 404 异常。

为了完善音乐网站的异常机制，我们对网站的 404 异常进行自定义设置。首先在项目 music 的根目录的 templates 中加入模板 error404.html，如图 11-27 所示。

图 11-27 项目 music 的目录结构

由于网站的 404 异常是作用在整个网站的，因此在项目 music 的 urls.py 中设置 404 的 URL 信息，代码如下：

```python
# 项目music的urls.py
# 设置404、500错误状态码
from index import views
handler404 = views.page_not_found
handler500 = views.page_not_found
```

可以看到，网站的404和500异常信息都是由index的视图函数page_not_found进行处理的。所以我们在index的views.py中编写视图函数page_not_found的处理过程，代码如下：

```python
# index的views.py
# 自定义404和500的错误页面
def page_not_found(request):
    return render(request, 'error404.html', status=404)
```

上述例子是网站自定义404异常信息，实现方式相对简单，只需在项目music的urls.py中设置404或500的视图函数即可实现。当网站出现异常的时候，异常处理都会由视图函数page_not_found进行处理。

11.13 项目上线部署

由于自定义的异常功能需要项目上线后才能测试运行状况，因此我们将项目music由开发模式改为项目上线模式。首先在配置文件settings.py中关闭debug模式、设置域名访问权限和静态资源路径，代码如下：

```python
# 关闭debug模型
DEBUG = False
# 允许所有域名访问
ALLOWED_HOSTS = ['*']
# 静态资源路径
# STATIC_ROOT 设置项目上线后使用的静态资源
STATIC_ROOT = 'e:/music/static'
# STATICFILES_DIRS 将Admin的静态资源保存在static文件夹中
STATICFILES_DIRS = [os.path.join(BASE_DIR, 'static'),]
```

当开启debug模式时，Django本身是提供静态资源服务的，主要方便开发者开发网站功能。当关闭debug模式时，开发模式转为项目上线模式，Django就不再提供静态资源服务，该服务应交由服务器来完成。

在上述设置中，STATIC_ROOT 和 STATICFILES_DIRS 都指向项目music根目录

的 static 文件夹。首先将 Admin 后台的静态资源保存在 static 文件夹中，在 PyCharm 的 Terminal 下输入以下指令：

```
# Admin 静态资源的收集指令
E:\music>python manage.py collectstatic
# 信息提示，是否覆盖现有的 static 文件夹
You have requested to collect static files at the destination
location as specified in your settings:

    e:\music\static

This will overwrite existing files!
Are you sure you want to do this?
# 输入 yes 并按回车键
Type 'yes' to continue, or 'no' to cancel: yes
```

指令执行完毕后，我们打开项目 music 根目录的 static 文件夹，在其目录下新增 admin 文件夹，如图 11-28 所示。

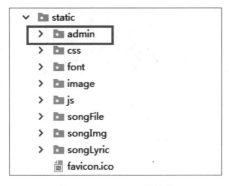

图 11-28　static 目录结构

然后在项目 music 的 urls.py 中设置静态资源的读取路径。一般来说，项目上线的静态资源都是由配置属性 STATIC_ROOT 来决定的。因此，项目 music 的 urls.py 设置如下：

```
from django.contrib import admin
from django.urls import path, include
from django.conf.urls import url
from django.views import static
from django.conf import settings
urlpatterns = [
    path('admin/', admin.site.urls),
    path('', include('index.urls')),
    path('ranking.html', include('ranking.urls')),
```

```python
    path('play/', include('play.urls')),
    path('comment/', include('comment.urls')),
    path('search/', include('search.urls')),
    path('user/', include('user.urls')),
    # 设置项目上线的静态资源路径
    url('^static/(?P<path>.*)$', static.serve,
        {'document_root': settings.STATIC_ROOT}, name='static')
]
```

完成上述配置后，我们重启项目 music 并在浏览器上打开 http://127.0.0.1:8000/play/666.html，运行结果如图 11-29 所示。

图 11-29 自定义 404 界面

11.14 本章小结

音乐网站的功能分为：网站首页、歌曲排行榜、歌曲播放、歌曲搜索、歌曲点评和用户管理，各个功能说明如下：

- 网站首页是整个网站的主界面，主要显示网站最新的动态信息以及网站的功能导航。网站动态信息以歌曲的动态为主，如热门下载、热门搜索和新歌推荐等；网站的功能导航是将其他页面的链接展示在首页上，方便用户访问浏览。
- 歌曲排行榜是按照歌曲的播放量进行排序，用户还可以根据歌曲类型进行自定义筛选。
- 歌曲播放是为用户提供在线试听功能，此外还提供歌曲下载、歌曲点评和相关歌曲推荐。
- 歌曲点评是通过歌曲播放页面进入的，每条点评信息包含用户名、点评内容和点评时间。
- 歌曲搜索是根据用户提供的关键字进行歌曲或歌手匹配查询的，搜索结果以数据列表显示在网页上。
- 用户管理分为用户注册、登录和用户中心。用户中心包含用户信息、登录注销和歌曲播放记录。

网站首页主要以数据查询为主，由 Django 内置的 ORM 框架提供的 API 实现数据查询，查询结果主要以模板语法 for 标签和 if 标签共同实现输出并转换成相应的 HTML 网页。

歌曲排行榜以 GET 请求进行歌曲筛选。若不存在请求参数，则将全部歌曲按播放量进行排序显示，若存在请求参数，则对歌曲进行筛选并按播放量进行排序显示。歌曲排行榜还可以使用 Django 的通用视图实现。

歌曲播放主要实现文件下载、Session 的应用和数据库操作。使用 StreamingHttpResponse 对象作为响应方式，为用户提供文件下载功能；歌曲播放列表使用 Session 实现，主要对 Session 的数据进行读写操作；数据库操作主要对歌曲动态表 dynamic 进行数据的新增或更新。

歌曲点评主要使用表单和分页功能。歌曲点评框是由 HTML 编写的表单实现的，通过视图函数的参数 request 获取表单数据，实现数据入库处理；分页功能是将当前歌曲的点评信息进行分页显示。

用户管理是在 Django 的 Auth 认证系统上实现的；用户信息是在内置模型 User 的基础上进行扩展的；用户注册是在内置表单类 UserCreationForm 的基础上实现的；用户登录由内置函数 check_password 和 login 共同实现；用户中心使用过滤器 login_required 实现访问限制，并由处理器 context_processors.auth 自动生成用户信息，最后使用 Session 和分页功能实现歌曲播放记录的显示。

网站后台主要使用 Admin 后台的基本设置，如 App 的命名方法、Admin 的标题设置和模型注册与设置。App 的命名方法是由 App 的初始化文件 __init__.py 实现的，Admin 的标题设置和模型注册与设置在 App 的 admin.py 中实现。

第 12 章

Django 项目上线部署

目前部署 Django 项目有两种主流方案：Nginx+uWSGI+Django 或者 Apache+uWSGI+Django。Nginx 作为服务器最前端，负责接收浏览器的所有请求并统一管理。静态请求由 Nginx 自己处理；非静态请求通过 uWSGI 服务器传递给 Django 应用，由 Django 进行处理并做出响应，从而完成一次 Web 请求。本章以 Nginx+uWSGI+Django 为例讲述如何在 Linux 系统上部署 Django 应用。

12.1 安装 Linux 虚拟机

大多数开发者都是使用 Windows 操作系统进行项目开发的，而项目的部署都是选择 Linux 操作系统为主。因此，我们在 Windows 上安装虚拟机 VirtualBox（全称 Oracle VM VirtualBox）。读者可以在 https://www.virtualbox.org/wiki/Downloads 下载软件安装包或者在网上搜索相关资源下载安装。

第 12 章　Django 项目上线部署

虚拟机 VirtualBox 安装成功后，运行虚拟机 VirtualBox，主界面如图 12-1 所示。

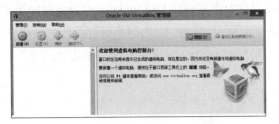

图 12-1　虚拟机 VirtualBox 主界面

单击"新建"按钮，在虚拟机中创建一个虚拟电脑，并输入虚拟电脑的名称、选择电脑系统的类型和设置内存大小，如图 12-2 所示。

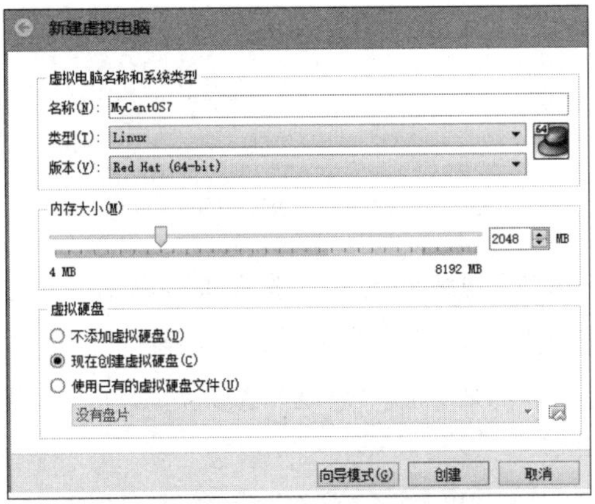

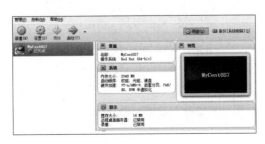

图 12-2　新建虚拟电脑

完成虚拟电脑的基本配置后，单击"创建"按钮，虚拟机 VirtualBox 生成创建虚拟硬盘界面。在创建虚拟硬盘界面不做任何修改，直接单击"创建"按钮即可完成虚拟电脑的创建。在虚拟机 VirtualBox 的主界面可以看到刚创建的虚拟电脑，如图 12-3 所示。

图 12-3　新建的虚拟电脑

虚拟电脑 MyCentOS7 还没有安装相应的操作系统，其相当于一台硬件已组装好的电脑。接下来，我们会为虚拟电脑 MyCentOS7 安装相应的操作系统。安装操作系统之前，首先设置虚拟电脑 MyCentOS7 的网络设置。选中虚拟电脑 MyCentOS7 并单击"设置"按钮，进入 MyCentOS7 的设置界面，单击"网络"并设置网卡 1 的网络连接方式，如图 12-4 所示。

图 12-4 MyCentOS7 的网络设置

虚拟电脑 MyCentOS7 的网络连接方式改为桥接网卡，可以在虚拟电脑中使用本地系统的网络服务，实现虚拟电脑和本地系统的网络通信。完成网络设置后，回到虚拟机 VirtualBox 的主界面，然后单击"启动"按钮，启动虚拟电脑 MyCentOS7，如图 12-5 所示。

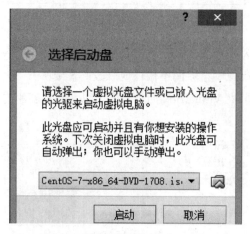

图 12-5 启动虚拟电脑 MyCentOS7

由于虚拟电脑MyCentOS7尚未安装操作系统，因此首次启动虚拟电脑MyCentOS7会出现选择启动盘的界面。我们选择镜像文件CentOS-7-x86_64-DVD-1708.iso，镜像文件可在CentOS的官方网站下载（https://www.centos.org/download/）。单击"启动"按钮，虚拟电脑MyCentOS7进入CentOS 7的安装界面，如图12-6所示。

图12-6 CentOS 7的安装界面

选择Install CentOS 7并按回车键，等待系统运行完成后即可进入CentOS 7的安装主界面。在安装主界面选择语言类型，如图12-7所示。

图12-7 CentOS 7的安装主界面

单击"继续"按钮，进入系统安装的配置界面，在此界面不做任何修改，选择默认配置即可，如图12-8所示。

图 12-8 CentOS 7 配置界面

单击"开始安装"按钮，虚拟电脑 MyCentOS7 会自动安装 CentOS 7 系统，在安装过程中设置 ROOT 密码。等到系统安装完成后，单击"重启"按钮即可进入 CentOS 7 系统，如图 12-9 所示。

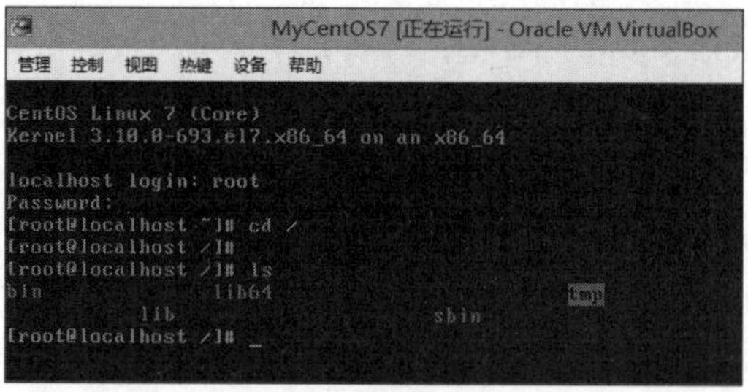

图 12-9 CentOS 7 系统

完成系统安装后，我们需要实现虚拟机系统与本地系统间的通信。首先安装网络功能 net-tools，在系统界面上输入安装指令 yum install net-tools，等待安装完成即可。然后修改当前网络的配置文件，将路径切换到 network-scripts 文件夹，如图 12-10 所示。

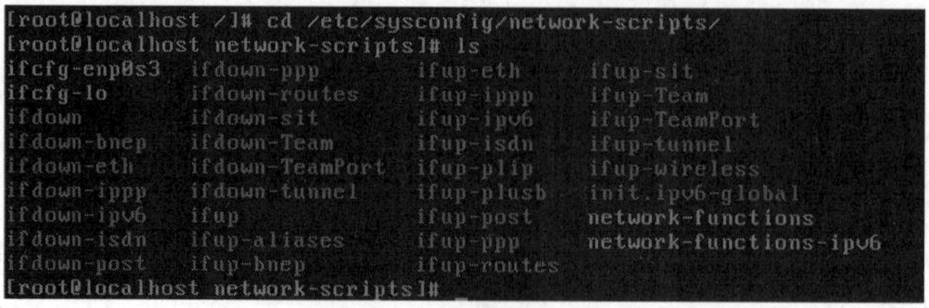

图 12-10 network-scripts 文件夹

从图 12-10 中可以看到 ifcfg-enp0s3 文件，这是当前网络的配置文件。其中，enp0s3 是随机生成的，具体的命名按实际情况而定。我们输入编辑指令 vi ifcfg-enp0s3，修改 ifcfg-enp0s3 的配置信息，将 ONBOOT 的属性改为 yes，然后保存并退出编辑，如图 12-11 所示。

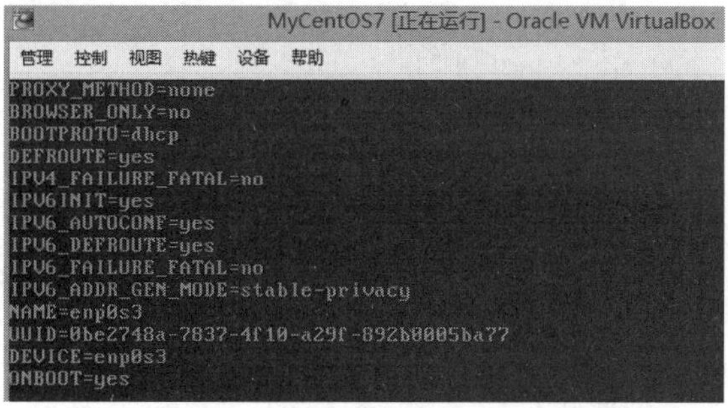

图 12-11 编辑 ifcfg-enp0s3

下一步是关闭 CentOS 7 系统的防火墙，可以依次输入以下指令：

```
sudo systemctl stop firewalld.service
sudo systemctl disable firewalld.service
```

关闭防火墙后，在 CentOS 7 系统输入 ifconfig，查询 CentOS 7 系统的 IP 地址，如图 12-12 所示。

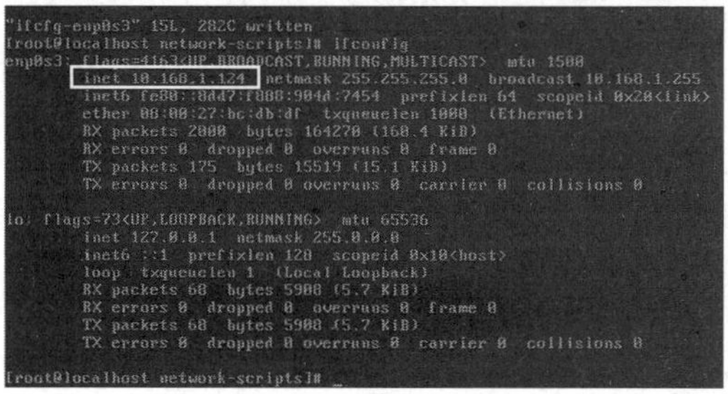

图 12-12 CentOS 7 的 IP 地址

在本地系统使用 FileZilla 软件连接虚拟机 CentOS 7 系统，在 FileZilla 的站点管理输入虚拟机 CentOS 7 系统的具体信息即可实现连接。使用 FileZilla 软件实现本地系统与虚拟机系统间的 FTP 通信，这样方便两个系统之间的文件传输，利于项目的维护和更新，如图 12-13 所示。

图 12-13 FileZilla

12.2 安装 Python 3

CentOS 7 系统默认安装 Python 2.7 版本，但 Django 2.0 不支持 Python 2.7 版本，因此我们需要在 CentOS 7 系统中安装 Python 3 版本。本节主要讲述如何在 CentOS 7 系统中安装 Python 3.6。

在安装 Python 3.6 之前，我们分别需要安装 Linux 的 wget 工具、GCC 编译器环境以及 Python 3 使用的依赖组件。相关的安装指令如下：

```
# 安装 Linux 的 wget 工具，用于网上下载文件
yum -y install wget
# GCC 编译器环境，安装 Python 3 时所需的编译环境
yum -y install gcc
# Python 3 使用的依赖组件
yum install openssl-devel bzip2-devel expat-devel gdbm-devel readline-devel sqlite*-devel mysql-devel
```

完成上述安装后，我们使用 wget 指令在 Python 官网下载 Python 3.6 的压缩包，在 CentOS 7 系统输入下载指令 wget "https://www.python.org/ftp/python/3.6.3/Python-

第 12 章　Django 项目上线部署

3.6.3.tgz"。下载完成后，可以在当前路径查看下载的内容，如图 12-14 所示。

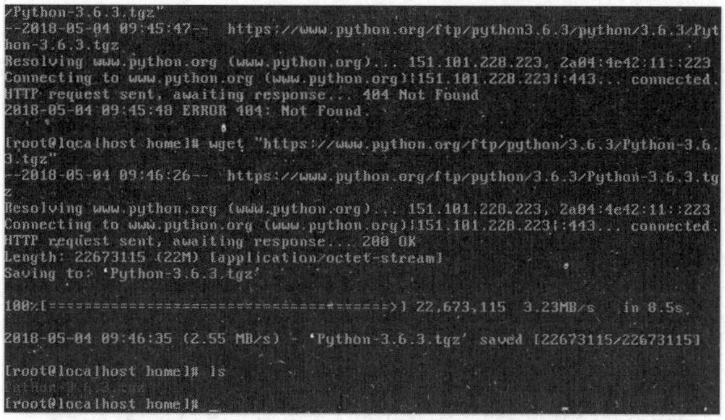

图 12-14　下载的内容

下一步是对压缩包进行解压，在当前路径下输入解压指令 tar -zxvf Python-3.6.3.tgz。解压完成后，在当前路径下会出现 Python-3.6.3 文件夹，如图 12-15 所示。

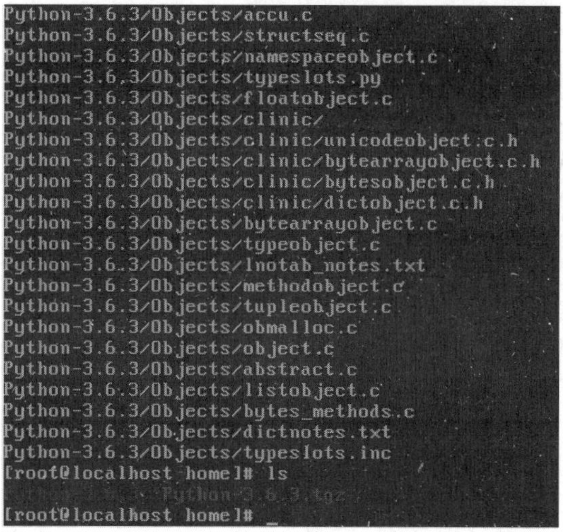

图 12-15　Python-3.6.3 文件夹

Python-3.6.3 文件夹是我们需要的开发环境，里面包含 Python 3.6 版本所需的组件。最后将 Python-3.6.3 编译到 CentOS 7 系统，编译指令如下：

```
# 进入 Python-3.6.3 文件夹
cd Python-3.6.3
# 依次输入编译指令
```

```
sudo ./configure
make
make install
```

编译完成后，我们在 CentOS 7 系统输入指令 python 3，即可进入 Python 交互模式，如图 12-16 所示。

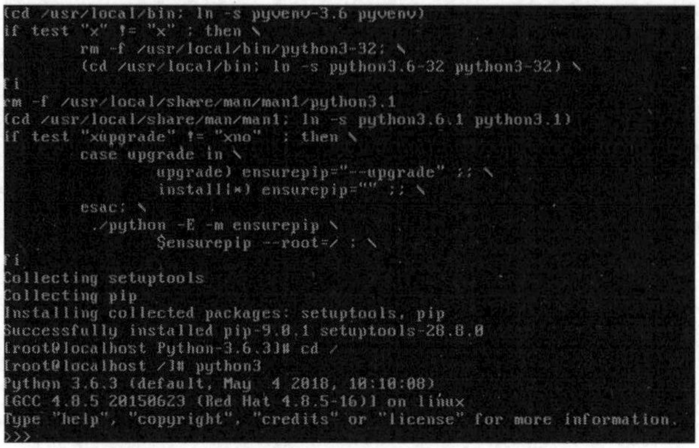

图 12-16 Python 3.6 的交互模式

12.3 部署 uWSGI 服务器

uWSGI 是一个 Web 服务器，它实现了 WSGI、uWSGI 和 HTTP 等协议。Nginx 中 HttpUwsgiModule 的作用是与 uWSGI 服务器进行交换。WSGI 是一种 Web 服务器网关接口，它是一个 Web 服务器（如 Nginx 服务器）与 Web 应用（如 Django 框架实现的应用）通信的一种规范。

在部署 uWSGI 服务器之前，需要在 Python 3 中安装相应的模块，我们使用 pip3 安装即可，安装指令如下：

```
pip3 install mysqlclient
pip3 install django
pip3 install uwsgi
```

安装成功后，打开本地系统的项目 music，修改项目的配置文件，主要修改数据库连接信息和静态资源路径，修改代码如下：

```
# 数据库连接信息
```

```
DATABASES = {
    'default': {
        'ENGINE': 'django.db.backends.mysql',
        'NAME': 'music_db',
        'USER':'root',
        'PASSWORD':'1234',
    # 改为本地系统的 IP 地址
        'HOST':'10.168.1.242',
        'PORT':'3306',
    }
}
# 静态资源路径
STATIC_ROOT = 'static/'
```

下一步使用 FileZilla 将本地系统的项目 music 转移到虚拟系统 CentOS 7，项目 music 存放在虚拟系统的 home 文件夹中，如图 12-17 所示。

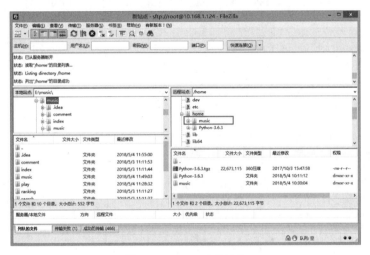

图 12-17 home 目录结构

完成上述配置后，在 CentOS 7 系统中输入 uwsgi 指令，测试 uWSGI 服务器能否正常运行，指令如下：

```
# /home/music 是项目 music 的绝对路径，music.wsgi 是项目 music 里面的 wsgi.py 文件
uwsgi --http :8080 --chdir /home/music -w music.wsgi
```

指令运行后，可以在本地系统的浏览器中输入虚拟系统的 IP 地址 +8080 端口查看测试结构。在本地系统访问 http://10.168.1.124:8080/，浏览器就会显示项目 music 的首页信息，如图 12-18 所示。

图 12-18 测试 uWSGI 服务器

uWSGI 服务器测试成功后，下一步是为项目 music 编写 uWSGI 配置文件。当项目运行上线时，只需执行 uWSGI 配置文件即可运行项目 music 的 uWSGI 服务器。在项目 music 的目录下创建 music_uwsgi.ini 配置文件，文件代码如下：

```
[uwsgi]
# Django-related settings
socket= :8080

# the base directory (full path)
chdir=/home/music

# Django s wsgi file
module=music.wsgi

# process-related settings
# master
master=true

# maximum number of worker processes
processes=4

# ... with appropriate permissions - may be needed
# chmod-socket    = 664
# clear environment on exit
vacuum=true
```

在 CentOS 7 系统中查看项目 music 的目录结构，并且在项目 music 的根目录下输入 uwsgi 指令，通过配置文件启动 uWSGI 服务器，如图 12-19 所示。

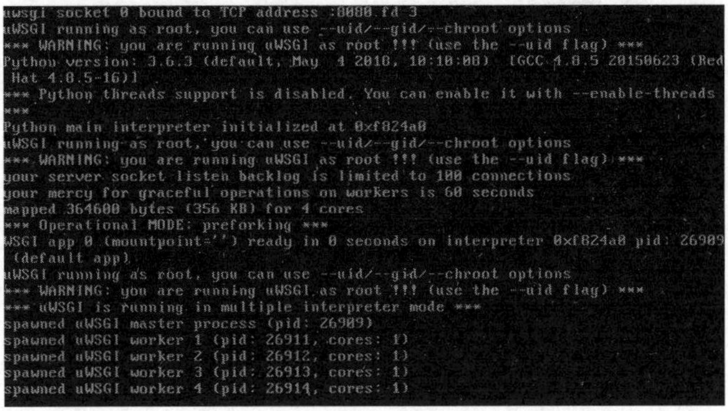

图 12-19 uWSGI 服务器

注意：因为配置文件设置 socket= :8080，所以启动 uWSGI 服务器时，本地系统不能浏览项目 music 的首页。配置属性 socket= :8080 用于 uWSGI 服务器和 Nginx 服务器的通信连接。

12.4 安装 Nginx 部署项目

项目上线部署最后一个环节是部署 Nginx 服务器。由于 CentOS 7 的 yum 没有 Nginx 的安装源，因此将 Nginx 的安装源添加到 yum 中，然后使用 yum 安装 Nginx 服务器，指令如下：

```
# 添加 Nginx 的安装源
rpm -ivh http://nginx.org/packages/centos/7/noarch/RPMS/nginx-release-centos-7-0.el7.ngx.noarch.rpm
# 使用 yum 安装 Nginx
yum install nginx
```

Nginx 安装成功后，在 CentOS 7 上输入 Nginx 启动指令 systemctl start nginx，然后在本地系统的浏览器中输入 CentOS 7 系统的 IP 地址，可以看到 Nginx 启动成功，如图 12-20 所示。

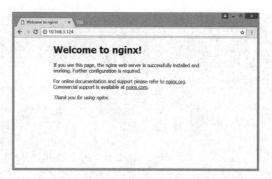

图 12-20 启动 Nginx

下一步是修改 Nginx 的配置文件，实现 Nginx 服务器与 uWSGI 服务器的通信连接。将 CentOS 7 系统路径切换到 /etc/nginx/，打开并编辑 nginx.conf 文件，在 nginx.conf 文件中编写项目 music 的配置信息。其代码如下：

```
user  nginx;
worker_processes  1;

error_log  /var/log/nginx/error.log warn;
pid        /var/run/nginx.pid;

events {
    worker_connections  1024;
}

http {
    include       /etc/nginx/mime.types;
    default_type  application/octet-stream;

    log_format  main  '$remote_addr - $remote_user [$time_local] "$request" '
                      '$status $body_bytes_sent "$http_referer" '
                      '"$http_user_agent" "$http_x_forwarded_for"';

    access_log  /var/log/nginx/access.log  main;

    sendfile        on;
    #tcp_nopush     on;

    keepalive_timeout  65;

    #gzip  on;
```

```
    include /etc/nginx/conf.d/*.conf;
#   新增内容
    server {
    listen          8090;
    server_name     127.0.0.1
    charset UTF-8;
    access_log      /var/log/nginx/myweb_access.log;
    error_log       /var/log/nginx/myweb_error.log;

    client_max_body_size 75M;
    # 连接 uWSGI 服务器,uwsgi_pass 的端口与 uWSGI 设置的 socket= :8080 端口一致
    location / {
        include uwsgi_params;
        uwsgi_pass 127.0.0.1:8080;
        uwsgi_read_timeout 2;
    }
    # 设置静态资源路径
    location /static/ {
        expires 30d;
        autoindex on;
        add_header Cache-Control private;
        alias /home/music/static/;
    }
}
#   新增内容
}
```

完成 Nginx 的相关配置后,在 CentOS 7 系统中结束 Nginx 的进程或重启系统,确保当前系统没有运行 Nginx 服务器。然后输入 Nginx 指令,重新启动 Nginx 服务器,Nginx 启动后,进入项目 music,使用 uwsgi 指令运行 music_uwsgi.ini,启动 uWSGI 服务器,如图 12-21 所示。

图 12-21 项目运行上线

Nginx 服务器和 uWSGI 服务器启动后,项目 music 就已经运行上线。在本地系统

的浏览器上访问 http://10.168.1.124:8090/ 可以看到项目 music 的首页信息，地址端口 8090 是由 Nginx 服务器设置的。运行结果如图 12-22 所示。

图 12-22 项目运行效果

12.5 本章小结

目前部署 Django 项目有两种主流方案：Nginx+uWSGI+Django 或者 Apache+uWSGI+Django。Nginx 作为服务器最前端，负责接收浏览器的所有请求并统一管理。静态请求由 Nginx 自己处理；非静态请求通过 uWSGI 服务器传递给 Django 应用，由 Django 进行处理并做出响应，从而完成一次 Web 请求。

在虚拟机上安装 Linux 系统需要设置虚拟机和本地系统之间的网络通信、Linux 辅助工具的安装和本地系统与虚拟系统的文件传输设置。这部分知识属于 Linux 的基本知识，如果读者在实施过程中遇到其他问题，可以自行在网上搜索相关解决方案。

在不删除旧版本 Python 2 的基础上安装 Python 3 版本，实现一个系统共存两个 Python 版本。安装 Python 3 之前必须安装 Linux 的 wget 工具、GCC 编译器环境以及 Python 3 使用的依赖组件，否则会导致安装失败。

uWSGI 服务器是由 Python 编写的服务器，由 uwsgi 模块实现。uWSGI 服务器的启动是由配置文件 music_uwsgi.ini 执行的，其作用是将 uWSGI 服务器与 Django 应用进行绑定。

Nginx 服务器负责接收浏览器的请求并将请求传递给 uWSGI 服务器。配置文件 nginx.conf 主要实现 Nginx 服务器和 uWSGI 服务器的通信连接。

第 13 章

第三方功能应用

在前面的章节中，我们主要讲述 Django 框架的内置功能以及使用方法，而本章主要讲述 Django 的第三方功能应用以及使用方法。通过本章的学习，读者能够在网站开发过程中快速开发网站 API、生成网站验证码、实现搜索引擎、实现第三方用户注册和分布式任务。

13.1 快速开发网站 API

网站 API 也称为接口，接口其实与网站的 URL 地址是同一个原理。当用户使用 GET 或者 POST 方式访问接口时，接口以 JSON 或字符串的数据内容返回给用户，这与网站的 URL 地址返回的数据格式有所不同，网站的 URL 地址主要返回的是 HTML 网页信息。

若想快速开发网站 API，可以使用 Django Rest Framework 框架实现。使用框架开发可以规范代码的编写格式，这对企业级开发来说很有必要，毕竟每个开发人员的编程风格存在一定的差异，开发规范化可以方便其他开发人员查看和修改。在使用 Django Rest Framework 之前，首先安装 Django Rest Framework 框架，建议使用 pip 完成安装，安装指令如下：

```
pip install djangorestframework
```

框架安装完成后，以 MyDjango 项目为例，在项目应用 index 中创建 serializers.py 文件，用于定义 Django Rest Framework 的 Serializer 类。MyDjango 目录结构如图 13-1 所示。

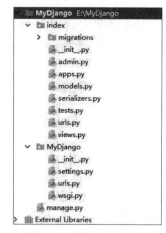

图 13-1 MyDjango 目录结构

构建项目目录后，接着在 settings.py 中设置相关配置信息。在 settings.py 中分别设置数据库连接信息和 Django Rest Framework 框架的功能配置，配置代码分别如下：

```
# 数据库连接方式
DATABASES = {
    'default': {
        'ENGINE': 'django.db.backends.mysql',
        'NAME': 'mydjango',
        'USER': 'root',
        'PASSWORD': '1234',
        'HOST': '127.0.0.1',
        'PORT': '3306',
    },
}

# Django Rest Framework 框架的配置信息
INSTALLED_APPS = [
    'django.contrib.admin',
    'django.contrib.auth',
    'django.contrib.contenttypes',
    'django.contrib.sessions',
    'django.contrib.messages',
    'django.contrib.staticfiles',
    'index',
    # 添加 Django Rest Framework 框架
    'rest_framework'
]
```

```
# Django Rest Framework 框架的配置信息
# 分页设置
REST_FRAMEWORK = {
    'DEFAULT_PAGINATION_CLASS': 'rest_framework.pagination.PageNumberPagination',
    # 每页显示多少条数据
    'PAGE_SIZE': 2
}
```

上述代码中,不再对数据库配置做详细的讲述,我们主要分析 Django Rest Framework 的功能配置。

(1)在 INSTALLED_APPS 中添加功能配置,这样能使 Django 在运行过程中自动加载 Django Rest Framework 的功能。

(2)配置 REST_FRAMEWORK 属性,属性值以字典的形式表示,用于设置 Django Rest Framework 的分页功能。

完成 settings.py 的配置后,下一步是定义项目的数据模型。在 index 的 models.py 中分别定义模型 Type 和 Product,代码如下:

```
# 在 index 的 models.py 中定义模型
from django.db import models
# 产品分类表
class Type(models.Model):
    id = models.AutoField('序号', primary_key=True)
    type_name = models.CharField('产品类型', max_length=20)
    # 设置返回值
    def __str__(self):
        return self.type_name

# 产品信息表
class Product(models.Model):
    id = models.AutoField('序号', primary_key=True)
    name = models.CharField('名称',max_length=50)
    weight = models.CharField('重量',max_length=20)
    size = models.CharField('尺寸',max_length=20)
    type = models.ForeignKey(Type, on_delete=models.CASCADE,verbose_name='产品类型')
    # 设置返回值
    def __str__(self):
        return self.name
```

将定义好的模型执行数据迁移,在项目的数据库中生成相应的数据表,并对数据表 index_product 和 index_type 导入数据内容，如图 13-2 所示。

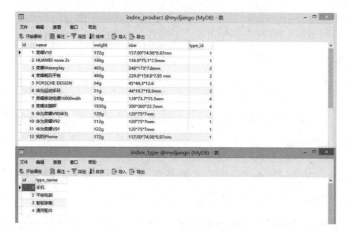

图 13-2 数据表的数据信息

上述基本配置完成后，接下来使用 Django Rest Framework 快速开发 API。首先在项目应用 index 的 serializers.py 中分别定义 Serializer 类和 ModelSerializer 类，代码如下：

```
from rest_framework import serializers
from .models import Product, Type
# 定义 Serializer 类
# 设置下拉内容
type_id = Type.objects.values('id').all()
TYPE_CHOICES = [item['id'] for item in type_name]
class MySerializer(serializers.Serializer):
    id = serializers.IntegerField(read_only=True)
    name = serializers.CharField(required=True, allow_blank=False, max_length=100)
    weight = serializers.CharField(required=True, allow_blank=False, max_length=100)
    size = serializers.CharField(required=True, allow_blank=False, max_length=100)
    type = serializers.ChoiceField(choices=TYPE_CHOICES, default=1)

    # 重写 create 函数，将 API 数据保存到数据表 index_product
    def create(self, validated_data):
        return Product.objects.create(**validated_data)

    # 重写 update 函数，将 API 数据更新到数据表 index_product
    def update(self, instance, validated_data):
        instance.name = validated_data.get('name', instance.name)
        instance.weight = validated_data.get('weight', instance.weight)
```

```python
            instance.size = validated_data.get('size', instance.size)
            instance.type = validated_data.get('type', instance.type)
            instance.save()
            return instance

    # 定义 ModelSerializer 类
    class ProductSerializer(serializers.ModelSerializer):
        class Meta:
            model = Product
            fields = '__all__'
            # fields = ('id', 'name', 'weight', 'size', 'type')
```

从上述代码可以看到，Serializer 类和 ModelSerializer 类与 Django 的表单 Form 类和 ModelForm 类非常相似，两者的定义可以相互借鉴。此外，Serializer 和 ModelSerializer 还有其他函数方法，若想进一步了解，在 Python 的安装目录中查看相应的源文件（\Lib\site-packages\rest_framework）。最后，在 urls.py 和 views.py 中实现 API 开发。以定义的 ProductSerializer 类为例，API 功能代码如下：

```python
# index 的 urls.py
from django.urls import path
from . import views
urlpatterns = [
    # 基于类的视图
    path('', views.product_class.as_view()),
    # 基于函数的视图
    path('<int:pk>', views.product_def),
]

# index 的 views.py
from .models import Product
from .serializers import ProductSerializer

# APIView 方式生成视图
from rest_framework.views import APIView
from rest_framework.response import Response
from rest_framework import status
from rest_framework.pagination import PageNumberPagination
class product_class(APIView):
    # get 请求
    def get(self, request):
        queryset = Product.objects.all()
        # 分页查询，需要在 settings.py 中设置 REST_FRAMEWORK 属性
        pg = PageNumberPagination()
        page_roles = pg.paginate_queryset(queryset=queryset, request=request, view=self)
```

```python
            serializer = ProductSerializer(instance=page_roles, many=True)
            # serializer = ProductSerializer(instance=queryset, many=True)  # 全表查询
            # 返回对象 Response 由 Django Rest Framework 实现
            return Response(serializer.data)
    # post 请求
    def post(self, request):
        # 获取请求数据
        serializer = ProductSerializer(data=request.data)
        # 数据验证
        if serializer.is_valid():
            # 保存到数据库
            serializer.save()
            # 返回对象 Response 由 Django Rest Framework 实现,status 用于设置响应状态码
            return Response(serializer.data, status=status.HTTP_201_CREATED)
        return Response(serializer.errors, status=status.HTTP_400_BAD_REQUEST)

# 普通函数方式生成视图
from rest_framework.decorators import api_view
@api_view(['GET', 'POST'])
def product_def(request, pk):
    if request.method == 'GET':
        queryset = Product.objects.filter(id=pk).all()
        serializer = ProductSerializer(instance=queryset, many=True)
        # 返回对象 Response 由 Django Rest Framework 实现
        return Response(serializer.data)
    elif request.method == 'POST':
        # 获取请求数据
        serializer = ProductSerializer(data=request.data)
        # 数据验证
        if serializer.is_valid():
            # 保存到数据库
            serializer.save()
            # 返回对象 Response 由 Django Rest Framework 实现,status 用于设置响应状态码
            return Response(serializer.data, status=status.HTTP_201_CREATED)
        return Response(serializer.errors, status=status.HTTP_400_BAD_REQUEST)
```

在分析上述代码之前，首先了解一下 Django Rest Framework 实现 API 开发的三种方法：

- 基于类的视图。
- 基于函数的视图。
- 重构 ViewSets 类。

其中，重构 ViewSets 类的实现过程过于复杂，在开发过程中，如无必要，一般不建议采用这种实现方式。若读者对此方法感兴趣，可以参考官方文档（http://www.django-rest-framework.org/tutorial/6-viewsets-and-routers/）。

在 views.py 中定义的 product_class 类和函数 product_def 分别基于类的视图和基于函数的视图，两者的使用说明如下。

（1）基于类的视图：开发者主要通过自定义类来实现视图，自定义类可以选择继承父类 APIView、mixins 或 generics。APIView 类适用于 Serializer 类和 ModelSerializer 类，mixins 类和 generics 类只适用于 ModelSerializer 类。

上述代码的 product_class 类主要继承 APIView 类，并且定义 GET 请求和 POST 请求的处理函数。GET 函数主要将模型 Product 的数据进行分页显示，POST 函数将用户发送的数据进行验证并入库处理。启动 MyDjango 项目，在浏览器上输入 http://127.0.0.1:8000/?page=1，运行结果如图 13-3 所示。

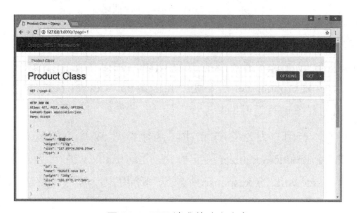

图 13-3 GET 请求的响应内容

为了进一步验证 POST 函数是否正确，我们在项目的目录外创建 test.py 文件，文件代码如下：

```
import requests
url = 'http://127.0.0.1:8000'
```

```
data = {
    'name': 'MyPhone', 'weight': '123G', 'size': '123*123', 'type': 1
}
r = requests.post(url, data=data)
print(r.text)
```

运行 test.py 文件并查看数据表 index_product，可以发现数据表 index_product 新增一条数据信息，如图 13-4 所示。

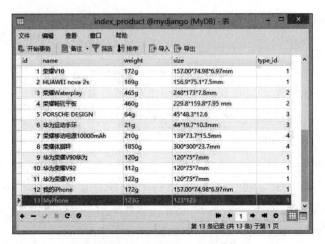

图 13-4 POST 请求的处理结果

（2）基于函数的视图：使用函数的方式实现 API 开发是三者中最为简单的方式，从函数 product_def 的定义来看，该函数与 Django 定义的视图函数并无太大区别。唯一的区别在于函数 product_def 需要使用装饰器 api_view 并且数据是由 Django Rest Framework 定义的对象进行返回的。

上述代码中，若用户发送 GET 请求，函数参数 pk 作为模型 Product 的查询条件，查询结果交给 ProductSerializer 类实例化对象 serializer 进行数据格式转换，最后由 Django Rest Framework 的 Response 对象返回给用户；若用户发送 POST 请求，函数将用户发送的数据进行验证并入库处理。在浏览器上输入 http://127.0.0.1:8000/2，运行结果如图 13-5 所示。

图 13-5 GET 请求的响应内容

若想验证 POST 请求的处理方式,只需将上述 test.py 的 url 变量改为 http://127.0.0.1:8000/1,然后运行 test.py 文件并查看数据表 index_product 是否新增一条数据。

Django Rest Framework 框架的使用方式总结如下:

(1) 在 settings.py 中添加 Django Rest Framework 功能,并对功能进行分页配置。

(2) 在 App 中新建 serializers.py 文件并定义 Serializer 类或 ModelSerializer 类。

(3) 在 urls.py 中定义路由地址。

(4) 在 views.py 中定义视图函数,三种定义方式分别为:基于类的视图、基于函数的视图和重构 ViewSets 类。

13.2 验证码的使用

现在很多网站都采用验证码功能,这是反爬虫常用的策略之一。目前常用的验证码类型如下。

- 字符验证码:在图片上随机产生数字、英文字母或汉字,一般有 4 位或者 6 位验证码字符。
- 图片验证码:图片验证码采用字符验证码的技术,不再使用随机的字符,而是让用户识别图片,比如 12306 的验证码。
- GIF 动画验证码:由多张图片组合而成的动态验证码,使得识别器不容易辨识哪一张图片是真正的验证码图片。

- 极验验证码：在 2012 年推出的新型验证码，采用行为式验证技术，通过拖动滑块完成拼图的形式实现验证，是目前比较有创意的验证码，安全性具有新的突破。
- 手机验证码：通过短信的形式发送到用户手机上面的验证码，一般为 6 位的数字。
- 语音验证码：也属于手机端验证的一种方式。
- 视频验证码：视频验证码是验证码中的新秀，在视频验证码中，将随机数字、字母和中文组合而成的验证码动态嵌入 MP4、FLV 等格式的视频中，增大破解难度。

如果想在 Django 中实现验证码功能，可以使用 PIL 模块生成图片验证码，但不建议使用这种实现方式。除此之外，还可以通过第三方应用 Django Simple Captcha 来实现，验证码的生成过程由该应用自动执行，开发者只需考虑如何应用到 Django 项目中即可。Django Simple Captcha 使用 pip 安装，安装指令如下：

```
pip install django-simple-captcha
```

安装成功后，下一步讲述如何在 Django 中使用 Django Simple Captcha 生成网站验证码。以 MyDjango 项目为例，在项目中应用 user 创建 templates 文件夹和 forms.py 文件，最后在 templates 文件夹中放置 user.html 文件，目录结构如图 13-6 所示。

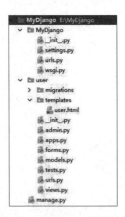

图 13-6 MyDjango 目录结构

项目目录搭建后，接下来在 settings.py 中配置项目。除了项目的基本配置之外，如果要配置 TEMPLATES 和 DATABASES，还可以对验证码的生成进行配置，如设置验证码的内容、图片噪点和图片大小等。具体的配置信息如下：

```
INSTALLED_APPS = [
    'django.contrib.admin',
    'django.contrib.auth',
    'django.contrib.contenttypes',
    'django.contrib.sessions',
    'django.contrib.messages',
    'django.contrib.staticfiles',
    'user',
    # 添加验证码功能
    'captcha'
]

# django_simple_captcha 验证码基本配置
# 设置验证码的显示顺序，一个验证码识别包含文本输入框、隐藏域和验证码图片，该配置用于设置三者的显示顺序
CAPTCHA_OUTPUT_FORMAT = '%(text_field)s %(hidden_field)s %(image)s'
# 设置图片噪点
CAPTCHA_NOISE_FUNCTIONS = (# 设置样式
                           'captcha.helpers.noise_null',
                           # 设置干扰线
                           'captcha.helpers.noise_arcs',
                           # 设置干扰点
                           'captcha.helpers.noise_dots')
# 图片大小
CAPTCHA_IMAGE_SIZE = (100, 25)
# 设置图片背景颜色
CAPTCHA_BACKGROUND_COLOR = '#ffffff'
# 图片中的文字为随机英文字母，如 mdsh
# CAPTCHA_CHALLENGE_FUNCT = 'captcha.helpers.random_char_challenge'
# 图片中的文字为英文单词
# CAPTCHA_CHALLENGE_FUNCT = 'captcha.helpers.word_challenge'
# 图片中的文字为数字表达式，如 1+2=</span>
CAPTCHA_CHALLENGE_FUNCT = 'captcha.helpers.math_challenge'
# 设置字符个数
CAPTCHA_LENGTH = 4
# 设置超时 (minutes)
CAPTCHA_TIMEOUT = 1
```

首先在 INSTALLED_APPS 中添加 captcha 验证码功能，项目运行时会自动加载 captcha 功能。然后对 captcha 功能进行相关的配置，主要的配置有：验证码的显示顺序、图片噪点、图片大小、背景颜色和验证码内容，具体的配置以及配置说明可以查看源代码及注释。

完成上述配置后，下一步是执行数据迁移。在功能配置后必须执行数据迁移，因为验证码需要依赖数据表才能得以实现。通过 python manage.py migrate 指令完成数据迁移，然后查看项目所生成的数据表，发现新增数据表 captcha_captchastore，如图 13-7 所示。

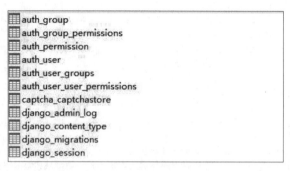

图 13-7 项目的数据表

接下来将验证码功能生成在网页上并实现验证功能。下面以实现带验证码的用户登录为例进行介绍，根据整个用户登录过程，我们将其划分为多个不同的功能。

- 用户登录界面：由表单生成，表单类在项目应用 user 的 forms.py 中定义。
- 登录验证：触发 POST 请求，用户信息以及验证功能由 Django 内置的 Auth 认证系统实现。
- 验证码动态刷新：由 Ajax 方式向 captcha 功能应用发送 GET 请求完成动态刷新。
- 验证码动态验证：由 Ajax 方式向 Django 发送 GET 请求完成验证码验证。

根据上述功能进行分析，整个用户登录过程由 MyDjango 的 urls.py 和项目应用 user 的 forms.py、urls.py、views.py 和 user.html 共同实现。首先在项目应用 user 的 forms.py 中定义用户登录表单类，代码如下：

```
# 定义用户登录表单类
from django import forms
from captcha.fields import CaptchaField
class CaptchaTestForm(forms.Form):
    username = forms.CharField(label='用户名')
    password = forms.CharField(label='密码', widget=forms.PasswordInput)
    captcha = CaptchaField()
```

从表单类 CaptchaTestForm 可以看到，字段 captcha 是由 Django Simple Captcha

定义的 CaptchaField 对象，该对象在生成 HTML 网页信息时，将自动生成文本输入框、隐藏域和验证码图片。然后表单类在 views.py 中进行实例化并展示在网页上，在 MyDjango 的 urls.py 和项目应用 user 的 urls.py、views.py 和 user.html 中分别编写以下代码：

```python
# MyDjango 的 urls.py
from django.contrib import admin
from django.urls import path,include
urlpatterns = [
    path('admin/', admin.site.urls),
    path('', include('user.urls')),
    # 导入 captcha 功能应用的 URL 地址信息，用于生成图片地址
    path('captcha/', include('captcha.urls'))
]

# 项目应用 user 的 urls.py
from django.urls import path
from . import views
urlpatterns = [
    # 用户登录界面
    path('', views.loginView, name='login'),
    # 验证码验证 API 接口
    path('ajax_val', views.ajax_val, name='ajax_val')
]

# 项目应用 user 的 views.py
from django.shortcuts import render
from django.contrib.auth.models import User
from django.contrib.auth import login, authenticate
from .forms import CaptchaTestForm
# 用户登录
def loginView(request):
    if request.method == 'POST':
        form = CaptchaTestForm(request.POST)
        # 验证表单数据
        if form.is_valid():
            username = form.cleaned_data['username']
            password = form.cleaned_data['password']
            if User.objects.filter(username=username):
                user = authenticate(username=username, password=password)
                if user:
                    if user.is_active:
                        login(request, user)
                        tips = '登录成功'
                else:
```

```python
                        tips = '账号密码错误,请重新输入'
                else:
                        tips = '用户不存在,请注册'
        else:
                form = CaptchaTestForm()
        return render(request, 'user.html', locals())

    # ajax接口,实现动态验证验证码
    from django.http import JsonResponse
    from captcha.models import CaptchaStore
    def ajax_val(request):
        if request.is_ajax():
            # 用户输入的验证码结果
            response = request.GET['response']
            # 隐藏域的value值
            hashkey = request.GET['hashkey']
            cs = CaptchaStore.objects.filter(response=response, hashkey=hashkey)
            # 若存在cs,则验证成功,否则验证失败
            if cs:
                json_data = {'status':1}
            else:
                json_data = {'status':0}
            return JsonResponse(json_data)
        else:
            json_data = {'status':0}
            return JsonResponse(json_data)

    # 项目应用user的user.html
    <!DOCTYPE html>
    <html lang="en">
        <head>
            <meta charset="UTF-8" />
            <title>Django</title>
            <script src="http://apps.bdimg.com/libs/jquery/2.1.1/jquery.min.js"></script>
            <link rel="stylesheet" href="https://unpkg.com/mobi.css/dist/mobi.min.css">
        </head>
        <body>
            <div class="flex-center">
                <div class="container">
                <div class="flex-center">
                <div class="unit-1-2 unit-1-on-mobile">
                    <h1>MyDjango Verification</h1>
                        {% if tips %}
                    <div>{{ tips }}</div>
```

```html
                    {% endif %}
                <form class="form" action="" method="post">
                    {% csrf_token %}
                    <div>用户名：{{ form.username }}</div>
                    <div>密　码：{{ form.password }}</div>
                    <div>验证码：{{ form.captcha }}</div>
                    <button type="submit" class="btn btn-primary btn-block">确定</button>
                </form>
            </div>
        </div>
    </div>
</div>
<script>
    $(function(){
        {# ajax 刷新验证码 #}
        $('.captcha').click(function(){
            console.log('click');
            $.getJSON("/captcha/refresh/",
            function(result){
                $('.captcha').attr('src', result['image_url']);
                $('#id_captcha_0').val(result['key'])
            });});
        {# ajax 动态验证验证码 #}
        $('#id_captcha_1').blur(function(){
            // #id_captcha_1 为输入框的 id，当该输入框失去焦点时就会触发函数
            json_data={
                // 获取输入框和隐藏字段 id_captcha_0 的数值
                'response':$('#id_captcha_1').val(),
                'hashkey':$('#id_captcha_0').val()
            }
            $.getJSON('/ajax_val', json_data, function(data){
                $('#captcha_status').remove()
                //status 返回 1 为验证码正确， status 返回 0 为验证码错误，在输入框的后面写入提示信息
                if(data['status']){
                    $('#id_captcha_1').after('<span id="captcha_status">* 验证码正确</span>')
                }else{
                    $('#id_captcha_1').after('<span id="captcha_status">* 验证码错误</span>')
                }
            });
        });
    })
</script>
</body>
```

```
</html>
```

上述代码用于实现整个用户登录过程,代码中具体实现的功能说明如下。

(1) MyDjango 的 urls.py:引入 Django Simple Captcha 的 urls.py 和项目应用 user 的 urls.py。前者主要为验证码图片提供 URL 地址以及为 Ajax 动态刷新验证码提供 API 接口,后者用于设置用户登录界面的 URL 以及为 Ajax 动态校验证码提供 API 接口。

(2) 项目应用 user 的 urls.py:设置用户登录界面的 URL 地址和 Ajax 动态验证的 API 接口。

(3) views.py:函数 loginView 使用 Django 内置的 Auth 实现登录功能;函数 ajax_val 用于获取 Ajax 的 GET 请求参数,然后与 Django Simple Captcha 定义的模型进行匹配,若匹配得上,则验证成功,否则验证失败。

(4) user.html:生成用户表单以及实现 Ajax 的动态刷新和动态验证功能。Ajax 动态刷新是向 Django Simple Captcha 的 urls.py 所定义的 URL 发送 GET 请求,而 Ajax 动态验证是向项目应用 user 的 urls.py 所定义的 URL 发送 GET 请求。

为了更好地验证上述所实现的功能,首先在项目内置 User 的中创建用户 root 并启动 MyDjango 项目,然后执行以下验证步骤:

(1) 单击验证码图片,查看验证码图片是否发生替换。

(2) 单击验证码输入框,分别输入正确和错误的验证码,然后单击网页的其他地方,使验证码输入框失去焦点,从而触发 Ajax 请求,最后查看验证码验证是否正确。

(3) 输入用户的账号、密码和验证码,查看是否登录成功。

13.3 站内搜索引擎

站内搜索是网站常用的功能之一,其作用是方便用户快速查找站内数据以便查阅。对于一些初学者来说,站内搜索可以使用 SQL 模糊查询实现,从某个角度来说,这种实现方式只适用于个人小型网站,对于企业级的开发,站内搜索是由搜索引擎实现的。

Django Haystack 是一个专门提供搜索功能的 Django 第三方应用，它支持 Solr、Elasticsearch、Whoosh 和 Xapian 等多种搜索引擎，配合著名的中文自然语言处理库 jieba 分词可以实现全文搜索系统。

本节在 Whoosh 搜索引擎和 jieba 分词的基础上使用 Django Haystack 实现网站搜索引擎。因此，在安装 Django Haystack 的过程中，需要自行安装 Whoosh 搜索引擎和 jieba 分词，具体的 pip 安装指令如下：

```
pip install django-haystack
pip install whoosh
pip install jieba
```

完成上述模块的安装后，接着在 MyDjango 项目中配置相关的应用功能。在项目应用 index 中分别添加文件 product_text.txt、search.html、search_indexes.py、whoosh_cn_backend.py 和文件夹 static，各个文件说明如下。

（1）product_text.txt：搜索引擎的索引模板文件，模板文件命名以及路径有固定的设置格式，如 /templates/search/indexes/ 项目应用的名称 / 模型（小写）_text.txt。

（2）search.html：搜索页面的模板文件，用于生成网站的搜索页面。

（3）search_indexes.py：定义索引类，该文件与索引模板文件是两个不同的概念。

（4）whoosh_cn_backend.py：这是自定义的 Whoosh 搜索引擎文件。由于 Whoosh 不支持中文搜索，因此需要重新定义 Whoosh 搜索引擎文件，将 jieba 分词器添加到搜索引擎中，使得它具有中文搜索功能。

（5）static：存放网页样式 common.css 和 search.css。

根据上述目录搭建，最后 MyDjango 的目录结构如图 13-8 所示。

MyDjango 目录搭建完成后，下一步是在 settings.py 中配置第三方应用 Django Haystack。这里的配置主要在 INSTALLED_APPS 中引入 Django Haystack 以及设置该应用的功能配置，具体的配置信息如下：

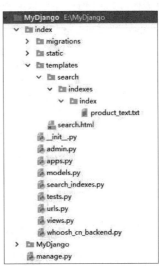

图 13-8 MyDjango 的目录结构

```python
INSTALLED_APPS = [
    'django.contrib.admin',
    'django.contrib.auth',
    'django.contrib.contenttypes',
    'django.contrib.sessions',
    'django.contrib.messages',
    'django.contrib.staticfiles',
    'index',
    # 配置haystack
    'haystack',
]
# 配置haystack
HAYSTACK_CONNECTIONS = {
    'default': {
        # 设置搜索引擎，文件是index的whoosh_cn_backend.py
        'ENGINE': 'index.whoosh_cn_backend.WhooshEngine',
        'PATH': os.path.join(BASE_DIR, 'whoosh_index'),
        'INCLUDE_SPELLING': True,
    },
}
# 设置每页显示的数据量
HAYSTACK_SEARCH_RESULTS_PER_PAGE = 4
# 当数据库改变时，会自动更新索引，非常方便
HAYSTACK_SIGNAL_PROCESSOR = 'haystack.signals.RealtimeSignalProcessor'
```

观察上述配置可以发现，配置属性 HAYSTACK_CONNECTIONS 的 ENGINE 指向项目应用 index 的 whoosh_cn_backend.py 文件。该文件是自定义的 Whoosh 搜索引擎文件，这是根据 Whoosh 源文件进行修改生成的，在 Python 的安装目录中可以找到 Whoosh 源文件 whoosh_backend.py，如图 13-9 所示。

图 13-9 Whoosh 的文件路径

打开 whoosh_backend.py 文件并将内容复制到 whoosh_cn_backend.py，然后将复制后的内容进行修改和保存，这样就可以生成自定义的 Whoosh 搜索引擎文件。具体修改的内容如下：

```
# 引入jieba分词器的模块
from jieba.analyse import ChineseAnalyzer

...
# 找到schema_fields[field_class.index_fieldname] = TEXT...所在位置并修改整行代
码，修改内容如下
    schema_fields[field_class.index_fieldname] = TEXT(stored=True,
        analyzer=ChineseAnalyzer(),field_boost=field_class.boost,sortable=
    True)
```

完成 settings.py 和 whoosh_cn_backend.py 的配置后，接下来实现搜索引擎的开发。在功能开发之前，需要在项目应用 index 的 models.py 中重新定义数据模型 Product，模型 Product 作为搜索引擎的搜索对象。模型 Product 的定义代码如下：

```
from django.db import models
# 创建产品信息表
class Product(models.Model):
    id = models.AutoField('序号', primary_key=True)
    name = models.CharField('名称',max_length=50)
    weight = models.CharField('重量',max_length=20)
    describe = models.CharField('描述',max_length=500)
    # 设置返回值
    def __str__(self):
        return self.name
```

将定义好的模型 Product 执行数据迁移，在数据库中生成数据表 index_product，并对数据表 index_product 导入数据内容，如图 13-10 所示。

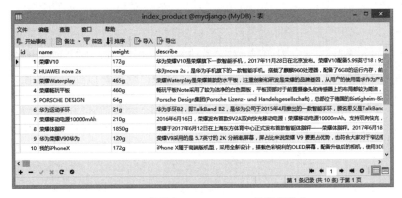

图 13-10 数据表 index_product 的数据信息

现在开始讲述搜索引擎的开发过程，首先创建搜索引擎的索引。创建索引主要能使搜索引擎快速找到符合条件的数据，索引就像是书本的目录，可以为读者快速地查找内容，在这里也是同样的道理。当数据量非常大的时候，要从这些数据中找出所有满足搜索条件的数据是不太可能的，并且会给服务器带来极大的负担，所以我们需要为指定的数据添加一个索引。

索引是在 search_indexes.py 中定义的，然后由指令执行创建过程。我们以模型 Product 为例，在 search_indexes.py 中定义该模型的索引类，代码如下：

```
from haystack import indexes
from .models import Product
# 类名必须为模型名+Index，比如模型 Product，索引类为 ProductIndex
class ProductIndex(indexes.SearchIndex, indexes.Indexable):
    text = indexes.CharField(document=True, use_template=True)
    # 设置模型
    def get_model(self):
        return Product
    # 设置索引的创建范围
    def index_queryset(self, using=None):
        return self.get_model().objects.all()
```

从上述代码来看，在定义模型的索引类时，类定义要求以及定义说明如下：

（1）定义索引类的文件名必须为 search_indexes.py，不得修改文件名，否则程序无法创建索引。

（2）索引类的类名格式必须为"模型名+Index"，每个模型对应一个索引类，如模型 Product 的索引类为 ProductIndex。

（3）字段 text 设置 document=True，代表搜索引擎将使用此字段的内容作为索引进行检索。

（4）use_template=True 是使用索引模板建立索引文件，可以理解为在索引中设置模型的查询字段，如设置 Product 的 describe 字段，这样可以通过 describe 的内容检索 Product 的数据。

（5）类函数 get_model 是将该索引类与模型 Product 进行绑定，类函数 index_queryset 用于设置索引的查询范围。

从上述分析可以知道，use_template=True 是使用索引模板建立索引文件，索引模板的路径是固定的，其格式为 /templates/search/indexes/ 项目应用的名称/模型（小写）_text.txt。以 ProductIndex 为例，其索引模板路径为 templates/search/indexes/index/

product_text.txt。我们在索引模板中设置模型 Product 的 name 和 describe 字段作为索引的检索字段，可以在索引模板中添加以下代码：

```
# templates/search/indexes/index/product_text.txt
{{ object.name }}
{{ object.describe }}
```

上述设置是对 Product.name 和 Product.describe 两个字段建立索引，当搜索引擎进行检索时，系统会根据搜索条件对这两个字段进行全文检索匹配，然后将匹配结果排序后并返回。

现在只定义了搜索引擎的索引类和索引模板，我们可以根据这两者创建索引文件，通过指令 python manage.py rebuild_index 即可完成索引文件的创建，在 MyDjango 中可以看到 whoosh_index 文件夹，该文件夹中含有索引文件，如图 13-11 所示。

图 13-11 索引文件

最后在 Django 中实现搜索功能，实现模型 Product 的全文检索。在 urls.py、views.py 和 search.html 中分别定义搜索引擎的 URL 地址、URL 的视图以及 HTML 模板，具体的代码及说明如下：

```
# urls.py
from django.urls import path
from . import views
urlpatterns = [
    # 搜索引擎
    path('search.html', views.MySearchView(), name='haystack'),
]

# views.py
from django.shortcuts import render
from django.core.paginator import Paginator, EmptyPage, PageNotAnInteger
from django.conf import settings
from .models import *
```

```python
from haystack.views import SearchView
# 视图以通用视图实现
class MySearchView(SearchView):
    # 模板文件
    template = 'search.html'
    # 重写响应方式，如果请求参数 q 为空，返回模型 Product 的全部数据，否则根据参数 q 搜索相关数据
    def create_response(self):
        if not self.request.GET.get('q', ''):
            show_all = True
            product = Product.objects.all()
            paginator = Paginator(product, settings.HAYSTACK_SEARCH_RESULTS_PER_PAGE)
            try:
                page = paginator.page(int(self.request.GET.get('page', 1)))
            except PageNotAnInteger:
                # 若参数 page 的数据类型不是整型，则返回第一页的数据
                page = paginator.page(1)
            except EmptyPage:
                # 若用户访问的页数大于实际页数，则返回最后一页的数据
                page = paginator.page(paginator.num_pages)
            return render(self.request, self.template, locals())
        else:
            show_all = False
            qs = super(MySearchView, self).create_response()
            return qs
```

```html
# search.html
# 由于 search.html 代码较多，此处只列出关键代码
...
<ul class="songlist__list">
{# 列出当前分页所对应的数据内容 #}
{% if show_all %}
{% for item in page.object_list %}
<li class="js_songlist__child" mid="1425301" ix="6">
    <div class="songlist__item">
            <div class="songlist__songname">{{ item.name }}</div>
            <div class="songlist__artist">{{item.weight}}</div>
            <div class="songlist__album">{{ item.describe }}</div>
    </div>
</li>
{% endfor %}
{% else %}
{# 导入自带高亮功能 #}
{% load highlight %}
{% for item in page.object_list %}
```

```
        <li class="js_songlist__child" mid="1425301" ix="6">
            <div class="songlist__item">
                    <div class="songlist__songname">{% highlight item.object.name
with query %}</div>
                    <div class="songlist__artist">{{item.object.weight}}</div>
                    <div class="songlist__album">{% highlight item.object.describe
with query %}</div>
            </div>
        </li>
    {% endfor %}
{% endif %}
</ul>
...
```

上述代码中，视图是通过继承 SearchView 类实现的，父类 SearchView 是由 Django Haystack 封装的视图类。如果想了解 Django Haystack 封装的视图类，可以在 Python 安装目录查看具体的源代码，文件路径为 \Lib\site-packages\haystack\views.py，也可以查看 Django Haystack 官方文档。

在模板文件 search.html 中，我们将搜索结果中的搜索条件进行高亮显示。模板标签 highlight 是 Django Haystack 自定义的标签，标签的使用方法较为简单，此处不做详细介绍，具体使用方法可以参考官方文档 http://django-haystack.readthedocs.io/en/master/templatetags.html。

启动 MyDjango 项目，在浏览器上输入 http://127.0.0.1:8000/search.html，并在右上方输入"移动电源"进行搜索，搜索结果如图 13-12 所示。

图 13-12 搜索结果

13.4 第三方用户注册

用户注册与登录已经成为网站必备的功能之一，Django 内置的 Auth 认证系统可以帮助开发人员快速实现用户管理功能。但很多网站为了加强社交功能，在用户管理功能上增设了第三方用户注册与登录功能，这是通过 OAuth 2.0 认证与授权来实现的。OAuth 2.0 的具体实现过程相对烦琐，我们通过流程图来大致了解 OAuth 2.0 的实现过程，如图 13-13 所示。

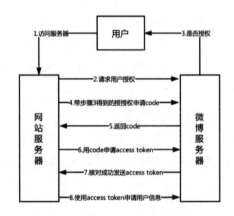

图 13-13 OAuth 2.0 的实现过程

分析实现流程，我们可以简单理解 OAuth 2.0 认证与授权是两个网站的服务器后台进行通信交流。根据实现原理，可以使用 requests 库或 urllib 标准库实现 OAuth 2.0 认证与授权，从而实现第三方用户的注册与登录功能。如果网站涉及多个第三方网站，这种实现方式是不太可取的，而且发现代码会出现重复使用的情况。因此，我们可以使用 Django 第三方功能应用 Django Social Auth，它为我们提供了各大网站平台的认证与授权功能。

Django Social Auth 是在 Python Social Auth 的基础上进行封装而成的，除了安装 Django Social Auth 之外，还需要安装 Python Social Auth。通过 pip 方式进行安装，安装指令如下：

```
pip install python-social-auth
pip install social-auth-app-django
```

功能模块安装成功后，以 MyDjango 项目为例，讲述如何在 Django 中使用 Django Social Auth 实现第三方用户注册功能，MyDjango 的目录结构如图 13-14 所示。

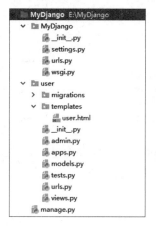

图 13-14 MyDjango 的目录结构

MyDjango 的目录结构较为简单，因为 Django Social Auth 的本质是一个 Django 的项目应用。可以在 Python 的安装目录下找到 Django Social Auth 所有的源代码文件，发现它具有 urls.py、views.py 和 models.py 等文件，这与 Django App（项目应用）的文件架构是一样的，如图 13-15 所示。

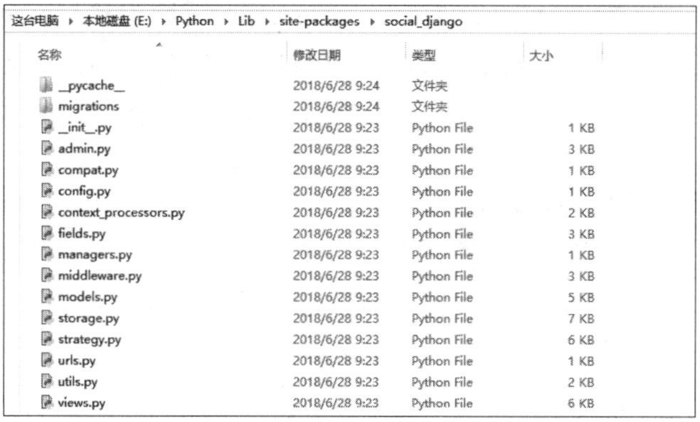

图 13-15 Django Social Auth 的源代码文件

了解 Django Social Auth 的本质后，在后续的使用中可以更加清晰地知道它的实现过程。本节以微博账号实现用户的注册功能。首先在浏览器中打开微博开放平台（http://open.weibo.com/），登录微博并新建应用，然后获取应用的 App Key 和 App

Secret，如图 13-16 所示。

图 13-16 获取 App Key 和 App Secret

下一步是设置应用的 OAuth 2.0 授权设置，单击应用中的高级信息，编辑 OAuth 2.0 授权设置的授权回调页，如图 13-17 所示。

图 13-17 OAuth2.0 授权设置

授权回调页的 URL 地址必须为 /complete/weibo/，因为授权回调页是由 Django Social Auth 进行处理的，而它已经为授权回调页设置相应的地址路径。可以打开 Django Social Auth 的源代码文件 urls.py 查看具体的设置内容，如图 13-18 所示。

```
"""URLs module"""
from django.conf import settings
from django.conf.urls import url

from social_core.utils import setting_name
from . import views

extra = getattr(settings, setting_name('TRAILING_SLASH'), True) and '/' or ''

app_name = 'social'

urlpatterns = [
    # authentication / association
    url(r'^login/(?P<backend>[^/]+){0}$'.format(extra), views.auth,
        name='begin'),
    url(r'^complete/(?P<backend>[^/]+){0}$'.format(extra), views.complete,
        name='complete'),
    # disconnection
    url(r'^disconnect/(?P<backend>[^/]+){0}$'.format(extra), views.disconnect,
        name='disconnect'),
    url(r'^disconnect/(?P<backend>[^/]+)/(?P<association_id>\d+){0}$'
        .format(extra), views.disconnect, name='disconnect_individual'),
]
```

图 13-18 源代码文件 urls.py

完成上述配置后，接着在 settings.py 中设置 Django Social Auth 的配置信息，主要在 INSTALLED_APPS 和 TEMPLATES 中引入功能模块以及设置相关的功能配置，配置信息如下：

```python
INSTALLED_APPS = [
    'django.contrib.admin',
    'django.contrib.auth',
    'django.contrib.contenttypes',
    'django.contrib.sessions',
    'django.contrib.messages',
    'django.contrib.staticfiles',
    'user',
    # 添加第三方应用
    'social_django'
]


# 设置第三方的 OAuth 2.0，所有第三方的 OAuth 2.0 可以查看源码目录：\Lib\site-packages\social\backends
AUTHENTICATION_BACKENDS = (
    'social.backends.weibo.WeiboOAuth2',        # 微博的功能
    'social.backends.qq.QQOAuth2',              # QQ 的功能
    'social.backends.weixin.WeixinOAuth2',      # 微信的功能
    'django.contrib.auth.backends.ModelBackend',)
# 注册成功后跳转页面
SOCIAL_AUTH_LOGIN_REDIRECT_URL = 'success'
# 开放平台应用的 APPID 和 SECRET
SOCIAL_AUTH_WEIBO_KEY = '692671009'
SOCIAL_AUTH_WEIBO_SECRET = 'd2c4440e1a6d7950b1585cc58334a527'
SOCIAL_AUTH_QQ_KEY = 'APPID'
SOCIAL_AUTH_QQ_SECRET = 'SECRET'
SOCIAL_AUTH_WEIXIN_KEY = 'APPID'
SOCIAL_AUTH_WEIXIN_SECRET = 'SECRET'

TEMPLATES = [
    {
        ...
        'OPTIONS': {
            ...
            'context_processors': [
                ...
                # 需要添加的配置信息
                'social_django.context_processors.backends',
                'social_django.context_processors.login_redirect',
                ...
            ]
```

```
            }
        }
    ]
```

因为 Django Social Auth 定义了相关的数据模型，完成 settings.py 的配置后，需要使用 python manage.py migrate 执行数据迁移，生成相关的数据表。最后在 MyDjango 项目中实现第三方用户注册功能，功能主要由 MyDjango 的 urls.py、项目应用 user 的 urls.py、views.py 和 user.html 共同实现，分别编写相关的功能代码，代码如下：

```
# MyDjango 的 urls.py
from django.contrib import admin
from django.urls import path, include
from django.conf.urls import url
urlpatterns = [
    path('admin/', admin.site.urls),
    path('', include('user.urls')),
    # 导入 social_django 的 URL，源码地址为 \Lib\site-packages\social_django\urls.py
    url('', include('social_django.urls', namespace='social'))
]

# 项目应用 user 的 urls.py
from django.urls import path
from . import views
urlpatterns = [
    # 用户注册界面的 URL 地址，显示微博登录链接
path('', views.loginView, name='login'),
    # 注册后回调的页面，成功注册后跳转回站内地址
path('success', views.success, name='success')
]

# views.py
from django.shortcuts import render
# 用户注册界面
def loginView(request):
    title = '用户注册'
    return render(request, 'user.html', locals())
# 注册后回调的页面
from django.http import HttpResponse
def success(request):
    return HttpResponse('注册成功')

# user.html
<!DOCTYPE html>
<html lang="zh-cn">
```

```html
<head>
    <meta charset="utf-8">
    <title>{{ title }}</title>
    <link rel="stylesheet" href="https://unpkg.com/mobi.css/dist/mobi.min.css">
</head>
<body>
<div class="flex-center">
    <div class="container">
    <div class="flex-center">
    <div class="unit-1-2 unit-1-on-mobile">
    <h1>MyDjango Social Auth</h1>
    <div>
        # {% url "social:begin" "weibo" %} 来自 Lib\site-packages\social_django\urls.py
        <a class="btn btn-primary btn-block" href="{% url "social:begin" "weibo" %}"> 微博注册 </a>
    </div>
    </div>
    </div>
    </div>
</div>
</body>
</html>
```

在上述代码中,我们一共设置了三个 URL 路由地址,分别为 social、login 和 success,三者的作用说明如下。

(1) social:导入 Django Social Auth 的 URL,将其添加到 MyDjango 项目中,主要生成授权页面和处理授权回调请求。

(2) login:生成网站的用户注册页面,为授权页面提供链接入口,方便用户进入授权页面。

(3) success:授权回调处理完成后,程序自动跳转的页面,由 settings.py 的配置属性 SOCIAL_AUTH_LOGIN_REDIRECT_URL 设置。

启动 MyDjango 项目,在浏览器中输入 http://127.0.0.1:8000/ 并单击微博"注册"按钮,网页会出现微博的授权认证页面,然后单击"授权"按钮,程序会自动跳转到 success 的 URL 所生成的页面,如图 13-19 所示。

图 13-19 微博授权认证过程

完成微博的认证与授权后，我们在数据库中分别查看数据表 social_auth_usersocialauth 和 auth_user。可以发现两个数据表都创建了用户信息，前者是微博认证授权后的微博用户信息，后者是根据前者的用户信息在网站中创建的新用户，如图 13-20 所示。

图 13-20 数据表 social_auth_usersocialauth 和 auth_user

上述例子主要实现了第三方用户注册网站账号的功能。除此之外，还可以实现第三方用户登录网站、第三方用户关联已有的网站账号以及 Admin 后台管理设置等功能。由于篇幅有限就不再详细讲述，有兴趣的读者可以参考官方文档（http://python-social-auth.readthedocs.io/en/latest/）和查阅相关资料。

13.5 分布式任务与定时任务

网站的并发编程主要处理网站的业务流程，根据网站请求到响应的过程分析，Django 处理用户请求主要在视图中执行，视图主要是一个函数，而且是单线程执行的函数。在视图函数处理用户请求时，如果遇到烦琐的数据读写或高密度计算，往往会造成响应时间过长,在网页上容易出现卡死的情况,不利于用户体验。为了解决这种情况,我们可以在视图中加入分布式任务,让它处理一些耗时的业务流程,从而缩短用户响应时间。

Django 的分布式主要由 Celery 框架实现,这是 Python 开发的分布式任务队列。它支持使用任务队列的方式在分布的机器、进程和线程上执行任务调度。Celery 侧重于实时操作,用于生产系统每天处理数以百万计的任务。Celery 本身不提供消息存储服务,它使用第三方消息服务来传递任务。目前支持 RabbitMQ、Redis 和 MongoDB 等。

本节使用第三方应用 Django Celery Results、Django Celery Beat、Celery 和 Redis 数据库实现 Django 的分布式任务和定时任务开发。值得注意的是,定时任务是分布式任务的一种特殊类型任务。

首先需要安装 Redis 数据库,在 Windows 中安装 Redis 数据库有两种方式:在官网下载压缩包安装和在 GitHub 下载 MSI 安装程序。前者的数据库版本是最新的,但需要通过指令安装并设置相关的环境配置;后者是旧版本,但安装方法是傻瓜式安装,启动程序后单击按钮即可完成安装。两者的下载地址如下:

```
# 官网下载地址
https://redis.io/download
# github 下载地址
https://github.com/MicrosoftArchive/redis/releases
```

Redis 数据库的安装过程本书就不详细讲述了,读者可以自行查阅相关的资料。除了安装 Redis 数据库之外,还可以安装 Redis 数据库的可视化工具,可视化工具可以帮助初次接触 Redis 的读者了解数据库结构。本书使用 Redis Desktop Manager 作为 Redis 的可视化工具,如图 13-21 所示。

图 13-21 Redis Desktop Manager

下一步是安装本节所需要的功能模块，主要的功能模块有：celery、redis、django-celery-results、django-celery-beat 和 eventlet。这些功能模块能通过 pip 完成安装，安装指令如下：

```
pip install celery
pip install redis
pip install django-celery-results
pip install django-celery-beat
pip install eventlet
```

每个功能模块负责实现不同的功能，在此简单讲解各个功能模块的具体作用，其说明如下。

（1）celery：安装 Celery 框架，实现分布式任务调度。

（2）redis：使 Python 与 Redis 数据库实现连接。

（3）django-celery-results：基于 Celery 基础上封装的分布式任务功能，主要适用于 Django。

（4）django-celery-beat：基于 Celery 基础上封装的定时任务功能，主要适用于 Django。

（5）eventlet：Python 的协程并发库，这是 Celery 实现分布式的并发模式之一。

在 MyDjango 项目中，分别在 MyDjango 文件夹创建 celery.py 和在项目应用 index 中创建 tasks.py。前者是在 Django 框架中引入 Celery 框架，后者是创建 MyDjango 的分布式任务。MyDJango 的目录结构如图 13-22 所示。

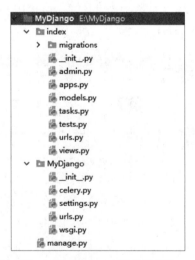

图 13-22　MyDjango 的目录结构

然后在 celery.py 和 tasks.py 文件中分别编写功能代码。celery.py 的代码基本是固定的，而 tasks.py 的代码可以根据需求自行编写。两者代码如下：

```python
# celery.py 文件
from __future__ import absolute_import, unicode_literals
import os
from celery import Celery
# 获取 settings.py 的配置信息
os.environ.setdefault('DJANGO_SETTINGS_MODULE', 'MyDjango.settings')
# 定义 Celery 对象，并将项目配置信息加载到对象中。
# Celery 的参数一般以为项目名命名
app = Celery('MyDjango')
app.config_from_object('django.conf:settings', namespace='CELERY')
app.autodiscover_tasks()
# 创建测试任务
@app.task(bind=True)
def debug_task(self):
    print('Request: {0!r}'.format(self.request))


# tasks.py 文件
from celery import shared_task
from .models import *
import time
# 带参数的分布式任务
@shared_task
def updateData(product_id, value):
    Product.objects.filter(id=product_id).update(weight=value)


# 该任务用于执行定时任务
@shared_task
def timing():
    now = time.strftime("%H:%M:%S")
    with open("E:\\output.txt", "a") as f:
        f.write("The is is " + now)
        f.write("\n")
        f.close()
```

从 celery.py 的代码得知，该文件是将 Celery 框架进行实例化并生成 app 对象。现在还需要将 app 对象与 MyDjango 项目进行连接，使项目可以执行分布式任务。在 celery.py 同一级目录的 __init__.py 中编写相关代码，当 MyDjango 初始化时，Django 会自动加载 app 对象。__init__.py 的代码如下：

```python
from __future__ import absolute_import, unicode_literals
from .celery import app as celery_app
__all__ = ['celery_app']
```

再分析 tasks.py 中的函数 updateData 可知，该函数是对模型 Product 进行读写操作。因此，我们需要在 models.py 中定义模型 Product，然后对模型 Product 执行数据迁移，并在对应的数据表中导入相关的数据内容。模型 Product 的定义如下：

```python
from django.db import models
# 创建产品信息表
class Product(models.Model):
    id = models.AutoField('序号', primary_key=True)
    name = models.CharField('名称',max_length=50)
    weight = models.CharField('重量',max_length=20)
    describe = models.CharField('描述',max_length=500)
    # 设置返回值
    def __str__(self):
        return self.name
```

将定义好的模型 Product 执行数据迁移，在数据库中生成数据表 index_product，并且对数据表导入相关数据内容，数据表 index_product 的数据信息如图 13-23 所示。

图 13-23 数据表 index_product 的数据信息

接着在 MyDjango 的 settings.py 中配置 Celery 的配置信息，由于本节需要实现分布式任务和定时任务，因此配置信息主要对两者进行配置，具体的配置内容如下：

```python
INSTALLED_APPS = [
    'django.contrib.admin',
    'django.contrib.auth',
    'django.contrib.contenttypes',
    'django.contrib.sessions',
    'django.contrib.messages',
    'django.contrib.staticfiles',
    'index',
    # 添加分布式任务功能
    'django_celery_results',
    # 添加定时任务功能
    'django_celery_beat'
```

]

```
# 设置存储 Celery 任务队列的 Redis 数据库
CELERY_BROKER_URL = 'redis://127.0.0.1:6379/0'
CELERY_ACCEPT_CONTENT = ['json']
CELERY_TASK_SERIALIZER = 'json'
# 设置存储 Celery 任务结果的数据库
CELERY_RESULT_BACKEND = 'django-db'

# 设置定时任务相关配置
CELERY_ENABLE_UTC = False
CELERY_BEAT_SCHEDULER = 'django_celery_beat.schedulers:DatabaseScheduler'
```

配置完成后，需要再次执行数据迁移，因为分布式任务和定时任务在运行过程中需要依赖数据表才能完成任务执行。完成数据迁移后，打开项目的数据库，可以看到项目一共生成了 17 个数据表，如图 13-24 所示。

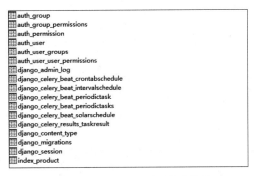

图 13-24 MyDjango 的数据库结构

最后在项目应用 index 的 urls.py 和 views.py 中分别编写 URL 路由地址和视图函数，当用户访问网页时，MyDjango 将自动执行分布式任务。urls.py 和 views.py 的代码如下：

```
# urls.py
from django.urls import path
from . import views
urlpatterns = [
    # 首页的 URL
    path('', views.index),
]

# views.py
from django.http import HttpResponse
from .tasks import updateData
def index(request):
```

```
# 传递参数并执行异步任务
updateData.delay(10, '140g')
return HttpResponse("Hello Celery")
```

至此，我们已完成 Django 分布式功能的代码开发，接下来讲述如何使用分布式任务和定时任务。首先启动 MyDjango 项目，然后单击 PyCharm 的 Terminal，并输入以下指令启动 Celery：

```
# 指令中的 MyDjango 是项目名
celery -A MyDjango worker -l info -P eventlet
```

Celery 成功启动后，Celery 会自动加载 MyDjango 定义的分布式任务，并且显示相关的数据库连接信息，如图 13-25 所示。

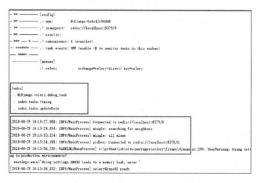

图 13-25 Celery 启动信息

在浏览器上输入 http://127.0.0.1:8000/，视图函数 index 将会执行分布式任务 updateData，该任务是在数据表 index_product 卡找到 ID=10 的数据，然后将该数据的字段 weight 内容改为 140g。当分布式任务执行成功后，执行的结果会显示在 Terminal 中，并以及保存到数据表 django_celery_results_taskresult 中，如图 13-26 所示。

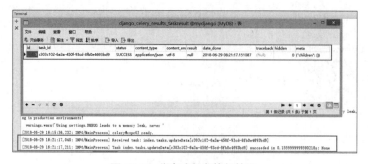

图 13-26 分布式任务执行结果

下一步是使用定时任务，定时任务主要通过 Admin 后台生成。首先在 MyDjango 中创建超级用户 root 并登录到 Admin 后台，然后进入 Periodic tasks 并且创建定时任务，将任务设置为每间隔 3 秒执行函数 timing，如图 13-27 所示。

图 13-27 设置定时任务

任务设置完毕后，我们通过输入指令来启动定时任务。在输入指令之前，必须保证 MyDjango 和 Celery 处于运行状态。简单来说，如果使用 CMD 模式来启动定时任务，需要启动三个 CMD 窗口，依次输入以下指令：

```
# 启动 MyDjango
python manage.py runserver 8000
# 启动 Celery
celery -A MyDjango worker -l info -P eventlet
# 启动定时任务
celery -A MyDjango beat -l info -S django
```

如果在 PyCharm 中启动定时任务，可以在 Terminal 下新建会话窗口，输入相应的指令即可。定时任务启动后，每隔三秒会执行一次程序，在 Terminal 和数据表 django_celery_results_taskresult 中都可以查看相关的执行情况，如图 13-28 所示。

图 13-28 定时任务执行情况

13.6 本章小结

本章主要讲述了 Django 的第三方功能应用，将网站中常用的功能进行封装处理，避免开发人员重复造轮子，缩减开发时间以及维护成本。在本章讲述的第三方功能应用的实现过程中，我们可以总结出大致的实现过程：

在 settings.py 的 INSTALLED_APPS 中添加应用功能以及设置该功能的相关配置。

创建新的 .py 文件，主要对功能进行实例化或定义相关的对象，如 Django Rest Framework 的 serializers.py 和搜索引擎的 search_indexes.py 等。

设置项目的 URL 地址以及调用第三方功能内置的 URL 地址，如 Django Social Auth 和 Django Simple Captcha 等。

在项目的视图函数中，调用第三方功能的对象或实例化对象，使其作用于模型或模板，在网站中生成相应的功能界面。

最后读者可以根据本章讲述的内容重新完善第 11 章的网站功能，如完善音乐网站的搜索功能、为用户注册与登录添加验证码以及新增第三方用户注册与登录等。